Daniela Bertacchi Marco Bramanti Graziano Guerra

Esercizi di
Calcolo delle Probabilità e Statistica

Società Editrice
ESCULAPIO

ISBN 978-88-7488-056-0

Società Editrice Esculapio s.r.l.
Via Terracini, 30 – 40131 Bologna
www.editrice-esculapio.com – info@editrice-esculapio.it

Impaginazione: Giancarla Panigali e Carlotta Lenzi

Società Editrice
ESCULAPIO

Indice

Prefazione

Questo eserciziario raccoglie il testo e lo svolgimento di tutti gli esercizi contenuti nel libro:

M. Bramanti: Calcolo delle Probabilità e Stat stica. Progetto Leonardo

(nel seguito indicato con [B]), testo pensato per i corsi di base delle attuali lauree brevi, indicativamente di 5 crediti, e contenenti elementi di probabilità, variabili aleatorie, statistica descrittiva e statistica inferenziale.

Nella prima parte sono riportati i testi degli esercizi, raggruppati per argomenti seguendo la stessa numerazione e suddivisione in capitoli di [B]; nella seconda parte si trovano gli svolgimenti dettagliati di tutti gli esercizi. In fondo al testo sono riportate le tavole statistiche indispensabili per lo svolgimento degli esercizi. L'eserciziario può essere consultato autonomamente rispetto al libro di testo [B]; tuttavia, si tenga presente che qui si è seguita esattamente l'impostazione di quel libro, senza richiamare le definizioni e i concetti ivi spiegati.

Saranno graditi commenti o segnalazioni di eventuali errori.

Daniela Bertacchi	bertacchi@matapp.unimib.it
Marco Bramanti	marbra@mate.polimi.it
Graziano Guerra	graziano.guerra@unimib.it

Milano, giugno 2003

Avvertenze

Molti di questi esercizi hanno come risultato finale uno o più numeri (probabilità di un evento, estremi di un intervallo di confidenza...). Perché lo studente possa utilmente confrontare i propri risultati con quelli del testo, è utile chiarire alcuni criteri che qui abbiamo seguito. È buona cosa che anche lo studente si abitui ad usare dei criteri uniformi, nello svolgimento degli esercizi.

1. In tutti gli esercizi in cui si chiede di calcolare la probabilità di un evento, è stato fornito il risultato in forma di numero decimale, solitamente con 4 cifre decimali.

2. Per gli arrotondamenti, si è seguito il consueto criterio: le cifre decimali da 0 al 4 si arrotondano per difetto, quelle da 5 a 9 per eccesso. Quindi: $0.12342 \mapsto 0.1234$; $0.12315 \mapsto 0.1232$.

3. La regola precedente sugli arrotondamenti ha una (apparente) eccezione nel calcolo degli intervalli di confidenza: in quel caso l'estremo sinistro si arrotonda sempre per difetto, e l'estremo destro per eccesso; ciò equivale a dire che se l'intervallo è del tipo $(x_0 - \delta, x_0 + \delta)$,la semiampiezza δ si arrotonda per eccesso. (Meglio prendere un intervallo un po' più ampio, per essere sicuri che il parametro vi appartenga).

4. Quando il testo dell'esercizio chiede di eseguire un test di ipotesi e non indica il livello di significatività, si è scelto il livello $\alpha = 0.05$, considerato quello standard. Analogamente per gli intervalli di confidenza si è calcolato quello al 95%, in mancanza di indicazione precisa.

5. Per la varianza campionaria s_n^2 si è utilizzata la formula

$$s_n^2 = \begin{cases} \frac{1}{n}\sum_{i=1}^{n}(x_i - \overline{x})^2 & \text{nel capitolo 1;} \\ \frac{1}{n-1}\sum_{i=1}^{n}(x_i - \overline{x})^2 & \text{nel capitolo 4.} \end{cases}$$

   Questo per seguire l'apprendimento dello studente nella lettura del testo. Infatti in [B] la formula della varianza campionaria "corretta" viene introdotta solo a partire dal cap.4.

6. Per svolgere i calcoli, si presuppone che lo studente utilizzi una calcolatrice tascabile, mentre non si presuppone che utilizzi un PC. Perciò talvolta il testo di un esercizio chiede di scrivere una formula senza calcolarne esplicitamente il risultato. In questi casi, qui abbiamo comunque fornito anche il risultato numerico (non richiesto dal testo). In particolare, in alcuni test di ipotesi, è stato calcolato, con un opportuno software statistico, il p-value.

7. In un caso (Esercizio 1.9), il testo dell'esercizio riportato in [B] conteneva un'incongruenza, che qui è stata corretta; in pochi altri casi, nel testo dell'esercizio sono state introdotte precisazioni per togliere possibili ambiguità di interpretazione.

Parte I

Testi

Capitolo 1

Statistica descrittiva

1.1 Statistica univariata

Esercizio 1.1. I diametri di 20 sferette prodotte da una linea produttiva sono stati misurati. Le misure, espresse in cm, sono:

$$\begin{array}{cccccccccc} 2.08, & 1.72, & 1.90, & 2.11, & 1.79, & 1.86, & 1.80, & 1.91, & 1.82, & 1.84, \\ 2.04, & 1.86, & 2.04, & 1.80, & 1.82, & 2.08, & 2.04, & 1.85, & 2.07, & 2.03. \end{array}$$

Costruire una tabella con le frequenze assolute, relative, percentuali e cumulative. Per fare la tabella suddividere le osservazioni in classi di ampiezza 0.1, quindi $\{1.7 < x \leq 1.8\}$, $\{1.8 < x \leq 1.9\}$, etc.

Esercizio 1.2. Calcolare media, varianza e deviazione standard per i seguenti dati:

$$14, 12, 21, 28, 30, 63, 29, 63, 55, 19, 20.$$

Esercizio 1.3. Si consideri la seguente tabella di frequenze:

$0 < x \leq 10$	5
$10 < x \leq 15$	8
$15 < x \leq 20$	14
$20 < x \leq 25$	4
$25 < x \leq 35$	2

Si calcoli, in base a questi dati, media, varianza e deviazione standard.

Esercizio 1.4. Si consideri la seguente tabella di distribuzione di frequenza:

Età (anni)	Frequenza
20-24	5
25-29	13
30-34	17
35-39	8
40-80	12

a. Si completi la tabella riportando anche le frequenze relative, percentuali, cumulative.

b. Si rappresentino i dati mediante istogramma (attenzione: l'ultimo intervallo ha ampiezza diversa dagli altri).

Esercizio 1.5. I seguenti dati forniscono il numero di donne con un'occupazione professionale, nel 1986, negli U.S.A. (dati in migliaia):

A. Ingegneria / Informatica	347
B. Sanità	1937
C. Istruzione	2833
D. Area sociale e legale	698
E. Arte / Sport	901
F. Altro	355

Dopo aver determinato le frequenze relative e percentuali, costruire un diagramma a barre.

Esercizio 1.6. I seguenti dati mostrano il numero mensile di interventi di manutenzione e assistenza che si sono resi necessari per un certo macchinario. Le osservazioni riguardano 25 mesi consecutivi (ad esclusione del mese di agosto).

$$1, 5, 3, 1, 3, 2, 2, 1, 2, 5, 3, 0, 1, 4, 3, 7, 1, 3, 1, 7, 2, 1, 2, 4, 8.$$

a. Costruire la tabella con le frequenze assolute, relative, cumulative di queste osservazioni.

b. Disegnare un istogramma di questi dati. Come descrivereste la forma di questa distribuzione?

c. Dire se la distribuzione è unimodale o plurimodale e, nel primo caso, determinare la moda.

d. Calcolare la media e la mediana di questi dati.

Esercizio 1.7. Quelli che seguono sono i minuti che una persona ha dovuto aspettare per prendere l'autobus in 15 giorni lavorativi:

10, 1, 13, 9, 5, 9, 2, 19, 3, 8, 6, 17, 2, 10, 15.

Determinare: la media, la varianza, la mediana, i quartili; tracciare un *boxplot*.

Esercizio 1.8. Le precipitazioni, espresse in pollici, per alcune città U.S.A. nel mese di aprile di un certo anno, sono:

2.9, 3.7, 3.2, 4.0, 3.9, 2.1, 2.9, 2.9, 1.1, 0.4, 3.0, 3.3,

3.2, 1.0, 2.2, 5.4, 3.5, 3.6, 4.0, 0.7, 2.8, 1.8, 1.5, 2.7,

4.0, 4.0, 3.0, 2.2, 3.3, 3.8, 2.6, 2.2, 4.2, 5.4, 4.8, 1.8.

a. Costruire uno *stem and leaf display*, suddividendo ogni unità in due classi.

b. Costruire un istogramma avente le stesse classi utilizzate nello *stem and leaf display*, e un altro avente intervalli di ampiezza doppia. La distribuzione appare simmetrica o asimmetrica? Unimodale o plurimodale? In base all'istogramma, stimare (senza fare calcoli) la media delle osservazioni. Calcolarla poi analiticamente.

c. Sapendo che 1pollice= 2.54cm., calcolare la media e la varianza in cm.

Esercizio 1.9. La distribuzione di frequenza cumulativa relativa per la profondità dei pozzi petroliferi in una determinata regione è data dalla tabella[1]:

Profondità (in metri)	Freq. (relativa) cum.
$h \leq 300$	0.09
$300 < h \leq 600$	0.35
$600 < h \leq 1200$	0.72
$1200 < h \leq 1800$	0.88
$1800 < h \leq 2400$	0.95
$2400 < h \leq 3000$	0.98
$3000 < h \leq 3600$	0.99
$3600 < h \leq 4200$	1.00

In tutto, ci sono 700 pozzi petroliferi nella regione.

a. Costruire la tavola della distribuzione di frequenza relativa.

b. Costruire la tavola della distribuzione di frequenza assoluta.

c. Costruire un istogramma della distribuzione di frequenza.

Esercizio 1.10. Per ciascuna delle seguenti distribuzioni, si dica se è possibile calcolare la media e/o la mediana con un'approssimazione ragionevole, spiegando il perché.

Voto	Freq.
18-20	5
21-23	18
24-26	27
27-29	15
30	6

IQ	Freq.
meno di 90	3
90-99	14
100-109	22
110-119	19
più di 119	7

Peso	Freq.
60 o meno	41
61-65	13
66-70	8
71-75	3
76-80	1

Esercizio 1.11. Per ciascuna delle seguenti popolazioni, si disegni un grafico della distribuzione di frequenza, la cui forma sia ragionevole in base alla natura del fenomeno, si descriva tale forma con pochi aggettivi appropriati, e si spieghi il perché delle proprie scelte:

a. Volume del liquido contenuto nelle bottiglie che escono da una macchina che le riempie automaticamente.

b. Tempo di attesa tra due telefonate successive che arrivano a un centralino piuttosto "affollato" di telefonate.

c. Punteggi (in trentesimi) totalizzati da 100 studenti in un test piuttosto facile.

d. Punteggi (in trentesimi) totalizzati da 100 studenti in un test piuttosto difficile.

[1] Gli estremi delle classi sono stati modificati rispetto al libro di testo in modo da avere classi contigue

e. Chilometri percorsi con un litro di benzina da una certa automobile, in tempi e situazioni diverse.

Esercizio 1.12. La distribuzione di frequenza degli intervalli di tempo tra due arrivi successivi di messaggi all'unità centrale di una rete time-sharing sono come segue:

Tempo (in millisecondi)	$N°$ di messaggi
$0 < t \leq 5$	152
$5 < t \leq 10$	84
$10 < t \leq 15$	56
$15 < t \leq 20$	31
$20 < t \leq 25$	14
$25 < t \leq 30$	6
$30 < t \leq 35$	2

a. Si calcolino le frequenze relative e cumulative della distribuzione, e si tracci il grafico della funzione di distribuzione cumulativa.

b. Si tracci un istogramma della distribuzione di frequenza.

c. Si calcolino la media e la mediana della distribuzione.

Esercizio 1.13. In una ditta che produce chips per computer, alcuni lotti di 100 chips vengono scelti a caso, e il numero di chips difettosi in ogni lotto viene registrato. La seguente tabella mostra i risultati dei controlli di 15 lotti per ciascuna di tre diverse linee produttive, che chiamiamo A, B, C.

A	4	0	1	2	2	1	1	0	1	1	3	0	2	3	0
B	0	2	1	5	2	1	2	1	0	1	2	2	1	4	5
C	1	1	2	3	0	3	2	1	3	3	1	3	2	1	1

Si calcolino mediana e quartili di ciascuna popolazione, e si confrontino i *boxplots* delle tre popolazioni. Commentare.

Esercizio 1.14. Una macchina produce pezzi che devono avere caratteristiche specificate. Il diametro di 25 pezzi scelti a caso da quelli prodotti è stato misurato e i dati, espressi in mm, sono i seguenti:

n^o pezzo	diametro	n^o pezzo	diametro	n^o pezzo	diametro
1	50.120	11	50.065	21	49.927
2	49.903	12	50.217	22	49.525
3	50.276	13	50.152	23	50.013
4	50.021	14	50.431	24	50.037
5	49.738	15	49.899	25	49.800
6	50.012	16	50.084		
7	50.338	17	50.023		
8	49.999	18	49.965		
9	50.253	19	50.053		
10	50.300	20	50.360		

a. Si costruisca un diagramma *stem and leaf*, in unità 0.001, prendendo come "ramo" la prima cifra decimale (quindi ogni "foglia" è fatta da due cifre).

b. Osservando il diagramma *stem and leaf*, si raggruppino i dati in classi (almeno 5). Per questa suddivisione in classi si costruisca la tabella delle frequenze relative e assolute, e un istogramma.

c. A partire dai dati raggruppati (cioè in base alla tavola di frequenze presentata al punto precedente, e non in base ai dati grezzi) si calcolino la media, la varianza e la deviazione standard.

d. Si calcolino la mediana i quartili delle osservazioni, e si disegni un *boxplot*. Utilizzare come estremi dei "baffi" il 5° e il 95° percentile. (Suggerimento: il diagramma *stem and leaf* già costruito può essere utile, se le foglie sono messe in ordine sui rami).

e. Si descriva con pochi termini appropriati la forma della distribuzione dei dati, come emerge da tutta l'analisi precedente.

1.2 Statistica multivariata

Esercizio 1.15. Si considerino i seguenti dati campionari, raccolti per stimare il tempo che impiega un computer a processare dati: x è il numero di "dati" e y il tempo, in secondi, impiegato dal computer per processarli.

x	211	332	322	435	275
y	112	155	131	208	138

a. Si tracci uno *scatterplot* dei dati.

b. Si calcoli il coefficiente di correlazione tra le variabili.

c. Si scriva l'equazione della retta di regressione e la si disegni sullo *scatterplot*.

d. Si calcoli il tempo previsto per processare 200, 300, 400, 500 dati.

Esercizio 1.16. I seguenti dati di deformazione laterale (ε_Y) e longitudinale (ε_X) sono stati ottenuti sottoponendo a sforzo delle sbarre fabbricate con una lega sperimentale:

ε_X	0.3	0.4	0.2	0.5	0.6
ε_Y	0.11	0.14	0.06	0.16	0.22

a. Disegnare uno *scatterplot* delle precedenti osservazioni, disponendo $\varepsilon_X, \varepsilon_Y$, rispettivamente, sull'asse x, y.

b. Calcolare il coefficiente di correlazione delle variabili $\varepsilon_X, \varepsilon_Y$.

c. In base ai punti *a.*, *b.*, è ragionevole supporre che sussista una relazione lineare tra le variabili $\varepsilon_X, \varepsilon_Y$?

d. Usare il metodo dei minimi quadrati per determinare la retta di regressione, e disegnarne il grafico sullo *scatterplot* delle due variabili.

e. Usare la retta di regressione trovata per predire la deformazione laterale corrispondente a una deformazione longitudinale pari a $\varepsilon_X = 0.35$, oppure a $\varepsilon_X = 0.8$. Quale delle due previsioni ritenete più affidabile? Perché?

Esercizio 1.17. I seguenti dati si riferiscono all'area di contaminazione dell'acqua col passare del tempo, dovuta alla fuga di un agente chimico tossico. L'area è misurata in acri, il tempo in anni.

Anni x	1.3	2.4	4.4	0.5	3.6
Acri y	4.8	5.3	19.7	1.5	10.1

Si studi che tipo di correlazione esiste tra le due variabili.

Esercizio 1.18. Un ingegnere industriale vuole stabilire la relazione tra il costo per la produzione in serie di laminati e le dimensioni del processo (cioè il numero di pezzi prodotti). Da produzioni passate sono noti i seguenti dati:

Dimensioni (n° di pezzi)	Costo (in migliaia di lire)
X	Y
1213	13474
1518	16497
3050	29349
852	11314
1550	17224
1215	14459
2120	22186
2207	23483
2175	24095
1128	15982

a. Disegnare uno *scatterplot* delle precedenti osservazioni.

b. Usare il metodo dei minimi quadrati per determinare la retta di regressione.

c. Il costo fisso di un processo produttivo è la componente del costo che non cambia con la quantità di pezzi prodotta, mentre il costo variabile è il costo aggiuntivo per ogni unità prodotta. In base al risultato del punto *b.*, qual è il costo fisso e quale il costo variabile del processo produttivo?

d. Per una produzione di 2000 unità, usare la retta di regressione per predire: (i) il costo totale di produzione; (ii) il costo medio per unità prodotta.

Capitolo 2

Probabilità

2.1 Come si opera con la probabilità. La definizione assiomatica

Esercizio 2.1. Dimostrare, utilizzando gli assiomi di probabilità, che non è possibile definire una probabilità sull'insieme Ω dei numeri naturali $1, 2, 3, \ldots$ in modo tale che i numeri siano tutti equiprobabili.

2.2 Combinatoria

Esercizio 2.2. In quanti modi 8 persone possono sedersi attorno a un tavolo che ha 8 posti?

Esercizio 2.3. Come sopra, ma si considerano distinti 2 modi solo se varia la disposizione relativa delle persone attorno al tavolo (rotondo). (In altre parole, due disposizioni ottenute l'una dall'altra mediante rotazione del tavolo si considerano uguali).

Esercizio 2.4. Come nell'esercizio precedente, ma con 4 uomini e 4 donne che devono sedersi in modo alterno.

Esercizio 2.5. Una ventiquattrore ha una combinazione di 6 cifre. Quante combinazioni ha? E se invece di cifre fossero lettere A, B, C, D?

Esercizio 2.6. In una gara di 40 concorrenti, di 8 nazioni diverse, 5 per nazione, quante possibili classifiche per nazioni ci sono, per i primi 5 posti?

Esercizio 2.7. Quante diagonali ha un poligono di n lati?

Esercizio 2.8. Quante diagonali ha un prisma avente base di n lati? (Per diagonale intendiamo un segmento congiungente due vertici che non stanno sulla stessa faccia del prisma).

Esercizio 2.9. In quanti modi 3 persone possono occupare 3 di 4 posti numerati?

Esercizio 2.10. Se una fila del cinema ha 15 posti e ci sono solo 8 persone, in quanti modi si possono disporre?

Esercizio 2.11. Se voglio codificare 20 oggetti usando "parole" di lunghezza fissa composte usando solo 4 caratteri diversi, qual è la minima lunghezza della parola?

Esercizio 2.12. In quanti modi 10 automobili che arrivano a uno snodo autostradale possono distribuirsi in 3 direzioni diverse? Distinguere i 3 casi:

a. le auto si considerano tutte uguali;

b. le auto si considerano tutte diverse;

c. le auto si raggruppano per cilindrata, e sono 5 di classe A, 3 di classe B, 2 di classe C.

2.3 Combinatoria e probabilità classica

Nota: Tutti gli esercizi sulla probabilità classica, tra quelli che seguono, possono svolgersi applicando la definizione (cioè conteggiando casi possibili e casi favorevoli), senza bisogno di applicare nozioni successive.

Esercizio 2.13. Una squadra di calcio schiera in ogni partita 1 portiere, 5 difensori e 5 attaccanti. La società "Testa o Croce" sceglie in modo casuale i giocatori rispettivamente tra 2 portieri, 8 difensori e 12 attaccanti possibili. Quante sono le formazioni possibili? Se Franco e Paolo sono due attaccanti, quante sono le formazioni in cui giocano entrambi? Se Andrea è un difensore, qual è la probabilità che Andrea e Paolo giochino entrambi?

Esercizio 2.14. A scommette con B che estrarrà 4 carte di 4 semi diversi da un mazzo di 40 carte (che ne contiene 10 per seme). Qual è la probabilità che A vinca? (Questo problema è tratto dall'opera di Huygens, "De ratiociniis in ludo aleae", del 1657).

Esercizio 2.15. Carlo e Mario lanciano ciascuno 2 volte una moneta. Qual è la probabilità che Mario ottenga più teste di Carlo?

Esercizio 2.16. In una partita di N articoli, K scelti a caso vengono sottoposti a collaudo. Se nella partita c'è un solo articolo difettoso, qual è la probabilità che questo venga individuato? Se ce ne sono 2 difettosi, qual è la probabilità che siano individuati entrambi? E che ne sia individuato almeno uno?

Esercizio 2.17. Tre persone si danno appuntamento in un bar nella piazza centrale della città; poco pratici del luogo, non sanno che in tale piazza ci sono 4 bar. Qual è la probabilità che scelgano:

a. tutti e 3 lo stesso bar;

b. tutti e 3 bar differenti?

Esercizio 2.18. Un'urna contiene 5 palline bianche, 6 nere, 4 rosse. Se ne estraggono 2. Calcolare la probabilità che siano dello stesso colore. Distinguere il caso dell'estrazione simultanea delle 2 palline da quello in cui la prima viene rimessa nell'urna prima di estrarre la seconda.

2.4 Esercizi di ricapitolazione sulla probabilità

Esercizio 2.19. Calcolare la probabilità che, lanciando due dadi, escano:

a. due 4;	*b.* un 3 e un 5;
c. due numeri pari;	*d.* due numeri la cui somma sia 9;
e. due numeri uguali.	

Esercizio 2.20. Da un mazzo di 52 carte se ne estrae una.

a. Calcolare la probabilità che sia: una carta di picche o una figura di cuori.

b. Calcolare la probabilità che sia: una figura o una carta rossa.

Esercizio 2.21. Da un'urna che contiene 40 palline di cui 12 bianche, 11 rosse e 17 verdi si estraggono contemporaneamente sei palline. Calcolare la probabilità che esse siano: 3 bianche, 2 rosse, 1 verde.

Esercizio 2.22. In un esame clinico per la diagnosi di una certa malattia, il 6% di coloro che sono sottoposti al test risultano positivi (ma non tutti hanno la malattia), mentre il 5% ha in realtà la malattia (ma non tutti risultano positivi). Si determini la probabilità che una persona malata risulti positiva al test, sapendo che la probabilità che una persona che risulta positiva al test sia malata è 0.8.

Esercizio 2.23. Calcolare la probabilità che due persone, vissute in luoghi ed epoche differenti:

a. siano nate nello stesso giorno dello stesso mese;

b. siano nate entrambe di mercoledì.

Esercizio 2.24.

a. In quanti modi 8 persone possono sedersi in 5 posti?

b. In quanti modi 5 persone possono sedersi in 8 posti?

c. In quanti modi 3 amici possono sedersi in una fila di 15 posti, al cinema, stando vicini tra loro?

Esercizio 2.25. La probabilità che uno studente, scelto a caso tra gli iscritti al primo anno del Diploma in Ingegneria di una certa università, dopo la prima sessione non abbia ancora superato l'esame di "Matematica A" è 0.4; la probabilità che abbia fatto il liceo scientifico è 0.3; la probabilità che abbia superato l'esame di Matematica A e abbia fatto il liceo scientifico è 0.25. Qual è la probabilità che non abbia fatto il liceo scientifico e non abbia superato l'esame di Matematica A?

Esercizio 2.26. Siano A, B due eventi indipendenti, con $P(A) = 1/3$, $P(B) = 3/4$. Determinare la probabilità p dell'evento $(A \cap \overline{B}) \cup (\overline{A} \cap B)$.

Esercizio 2.27. Una ditta produce un certo tipo di apparecchiature sofisticate; l'8% degli apparecchi prodotti, mediamente, presenta qualche tipo di malfunzionamento. Perciò la ditta ha messo a punto un test di collaudo, che tiene conto dei difetti più frequenti, in modo tale che: il 90% degli apparecchi imperfetti non supera il test; l'1% degli apparecchi "sani" non supera il test (per qualche errore nell'esecuzione del collaudo). Se vengono messi in commercio tutti e soli gli apparecchi che superano il test, qual è la probabilità che uno di questi risulti difettoso?

Esercizio 2.28. Nella prima parte di questo esercizio si chiede di formalizzare, col linguaggio preciso e sintetico del calcolo delle probabilità, alcune informazioni espresse mediante il linguaggio comune. Sia A l'evento "Lo studente ha studiato bene" e B l'evento "Lo studente passa l'esame". Tradurre in simboli le seguenti affermazioni:

a. La probabilità che uno studente abbia studiato bene e passi l'esame è 0.4.

b. La probabilità che uno studente che ha studiato bene passi l'esame è 0.8.

c. La probabilità che uno studente che non ha studiato bene non passi l'esame è 0.9.

d. La probabilità che uno studente abbia studiato male e passi ugualmente l'esame è 0.05.

e. La probabilità che uno studente che non ha passato l'esame non avesse studiato bene è 9/11.

Supponiamo ora che le informazioni *a.*, *b.*, *c.*, *d.*, *e.* siano tutte corrette. Sfruttando opportunamente queste informazioni, si calcoli:

f. $P(A \cup B)$; *g.* $P(\overline{A} \cap \overline{B})$; *h.* $P(A \setminus B)$; *i.* $P(\overline{B}|A)$.

Esercizio 2.29. Un apparecchio è costituito da 3 sottosistemi posti in serie, A, B, C. A sua volta, A consiste di due componenti in parallelo, A_1, A_2, mentre B consiste di 3 componenti in parallelo, B_1, B_2, B_3. È noto che le affidabilità di ciascun componente sono le seguenti:

$$\begin{array}{lll} A_1 : 0.98; & A_2 : 0.97; & \\ B_1 : 0.95; & B_2 : 0.99; & B_3 : 0.9 \\ C \;: 0.97. & & \end{array}$$

a. Si rappresenti uno schema delle connessioni dell'apparecchio.

b. Si calcoli l'affidabilità del sistema.

c. Se il sistema si guasta, qual è la probabilità che il componente che si è guastato sia C?

Esercizio 2.30. Si esaminano 50 pezzi prodotti da due macchine A, B, e si contano i pezzi difettosi. I risultati sono i seguenti:

	Pezzi prodotti da A	Pezzi prodotti da B	Tot.
Pezzi difettosi	4	6	10
Pezzi non difettosi	16	24	40
Totale	20	30	50

a. Si calcoli la probabilità che un pezzo scelto a caso tra questi 50 sia difettoso;

b. Si calcoli la probabilità che un pezzo a caso, scelto tra quelli difettosi, provenga dalla macchina B.

c. Si dica se gli eventi "il pezzo è difettoso" e "il pezzo proviene dalla macchina A" si possono ritenere indipendenti.

d. Si può concludere che una delle due macchine è preferibile all'altra?

Esercizio 2.31. Questo esercizio vuole verificare la comprensione del linguaggio simbolico. Nella formula:

$$P(A) = \sum_{\omega_k \in A} P(\{\omega_k\}),$$

il simbolo:	denota:
a. ω_k	□
b. $\{\omega_k\}$	□
c. $P(\{\omega_k\})$	□
d. $\sum_{\omega_k \in A} P(\{\omega_k\})$	□
e. P	□
f. $P(A)$	□
g. A	□
h. k	□

Per ciascuna domanda, scegliere la risposta esatta tra quelle scritte qui sotto:

A. Un numero intero;

B. Un numero reale;

C. Un evento elementare;

D. Un evento;

E. Nessuna delle precedenti risposte.

Esercizio 2.32. Alberto, Barbara e Carlo lavorano nello stesso ufficio, con un solo telefono. Le telefonate arrivano in modo casuale nelle proporzioni di 2/5 per Alberto, 2/5 per Barbara, 1/5 per Carlo. Il loro lavoro richiede che essi lascino l'ufficio in momenti casuali e tra loro indipendenti, cosicché Alberto è fuori dall'ufficio per metà dell'orario di lavoro, Barbara e Carlo ciascuno per un quarto dell'orario di lavoro. Calcolare la probabilità che:

a. Le prime 3 chiamate della giornata siano per la stessa persona.

b. Le prime 3 chiamate della giornata siano per 3 persone diverse.

c. Nel momento in cui arriva la prima telefonata, non c'è nessuno a rispondere.

d. Nel momento in cui arriva la prima telefonata, l'interessato è in ufficio.

Esercizio 2.33. In base a un'indagine sanitaria condotta sui lavoratori di una certa fabbrica, viene valutata pari a 0.07 la probabilità che una persona che vi lavora da almeno 5 anni soffra di disturbi polmonari, 0.12 la probabilità che soffra di cefalea, e 0.03 la probabilità che soffra di entrambi. Qual è la probabilità che una persona che vi lavora da almeno 5 anni sia sana?

Esercizio 2.34. Un'urna contiene 6 palline bianche e 4 nere; se ne estraggono 3 senza reimmissione. Qual è la probabilità di estrarre B, N, N (in quest'ordine)?

Esercizio 2.35. In una partita a poker con un mazzo di 32 carte (ogni giocatore riceve 5 carte), qual è la probabilità che un giocatore abbia in mano almeno due assi, sapendo che ha in mano almeno un asso? E se invece sappiamo che ha in mano almeno l'asso di cuori?

Esercizio 2.36. Una "roulette" semplificata consiste di un tabellone con i soli numeri da 1 a 12, classificati "rossi" o "neri" in base al seguente schema:

1	2	3	4	5	6	7	8	9	10	11	12
R	R	N	N	R	N	N	R	N	N	R	R

Consideriamo gli eventi

$$\begin{aligned} A&: \text{“esce un numero pari”},\\ B&: \text{“esce un numero rosso”},\\ C&: \text{“esce un numero } \leq 6\text{”},\\ D&: \text{“esce un numero } \leq 8\text{”}. \end{aligned}$$

a. Stabilire se gli eventi A, B, C sono a due a due indipendenti.

b. Stabilire se A, B, C sono una famiglia di eventi indipendenti.

c. Stabilire se A, B, D sono una famiglia di eventi indipendenti.

Esercizio 2.37. Si consideri il sistema S costituito da 4 componenti elettrici $C_1, \ldots, C_4$ collegati tra loro secindo lo schema seguente:

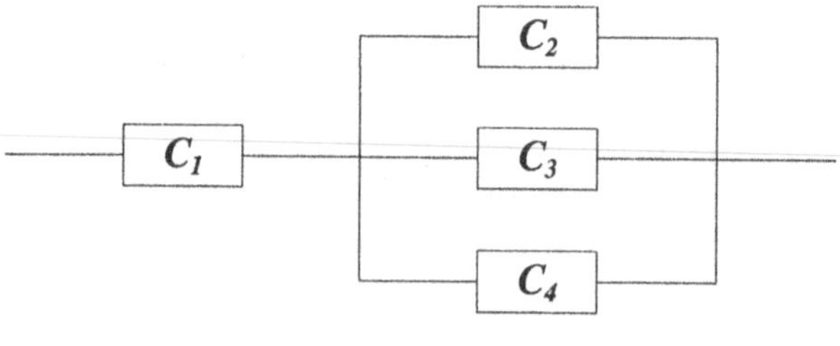

I componenti si suppongono indipendenti e hanno ciascuno affidabilità $p = 0.9$.

a. Si calcoli la probabilità s che il sistema S funzioni.

b. Supponiamo ora che il componente C_1 sia particolarmente sensibile alle variazioni di tensione. Sia T l'evento "è avvenuta una variazione di tensione", e supponiamo che la probabilità che C_1 si guasti, condizionata a T, sia 0.8. Si calcoli la probabilità che S si guasti, condizionata a T.

c. Il sistema S si è guastato per cause ignote. Sapendo che la probabilità (a priori) di T è 0.05, si calcoli la probabilità che T sia avvenuto.

Esercizio 2.38. Si determini l'affidabilità del sistema schematizzato nella figura seguente, sapendo che ogni componente ha ugual affidabilità p.

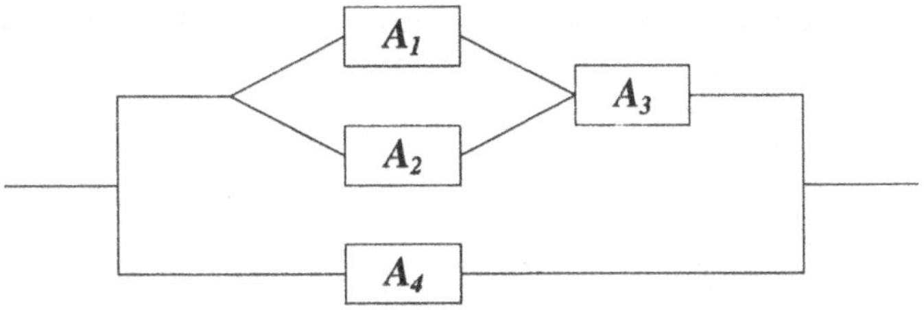

Esercizio 2.39. Un tecnico è chiamato in una ditta per intervenire su una macchina che si sta rivelando inaffidabile. Infatti, produce 1 pezzo su 5 difettoso, mentre le altre 3 macchine identiche che si trovano in quella ditta producono solo 1 pezzo su 100 difettoso. Il tecnico entra nella ditta, sceglie una macchina a caso tra le 4 identiche, osserva un pezzo a caso prodotto da quella macchina, e nota che è difettoso. Qual è la probabilità che abbia scelto la macchina inaffidabile?

Esercizio 2.40. Tutte le borse dei passeggeri che si imbarcano su un aereo vengono passate al metal detector, allo scopo di individuare eventuali ordigni. È noto che: la probabilità che una borsa che contiene una bomba faccia suonare l'allarme è 0.99; la probabilità che una borsa che non contiene una bomba faccia suonare l'allarme è 0.05; una borsa ogni 5000 contiene una bomba[1]. Sotto queste ipotesi:

a. Qual è la frequenza relativa con cui ci aspettiamo che suoni l'allarme?

b. Qual è la probabilità che una borsa che ha fatto suonare l'allarme contenga una bomba?

c. Se una borsa ha fatto suonare l'allarme, di quante volte è aumentata la probabilità che contenga una bomba, rispetto a un momento prima che l'allarme suonasse?

d. Se su un aereo si trovano 100 borse, e nessuna ha fatto suonare l'allarme, qual è la probabilità che a bordo ci sia (almeno) una bomba? Si supponga che qualsiasi famiglia di eventi relativi a valigie diverse sia indipendente.

Esercizio 2.41. In una partita a scopa, 40 carte vengono distribuite tra 4 giocatori, 10 a testa. Si calcoli la probabilità che un giocatore abbia serviti, in una partita:

a. almeno un sette;

[1] N.B.: I dati sono inventati: viaggiate pure tranquilli!

b. due sette (e non di più);

c. due sette (e non di più), sapendo che ne ha almeno uno;

d. il sette di quadri e un altro sette.

Esercizio 2.42. Gli eventi A, B, C sono indipendenti e hanno probabilità, rispettivamente, $1/3, 1/4, 1/3$. Si calcoli

$$P\left((A \cap B) \cup (A \cap \overline{C})\right).$$

Esercizio 2.43. Un apparecchio è costituito da 5 componenti connessi tra loro secondo lo schema seguente:

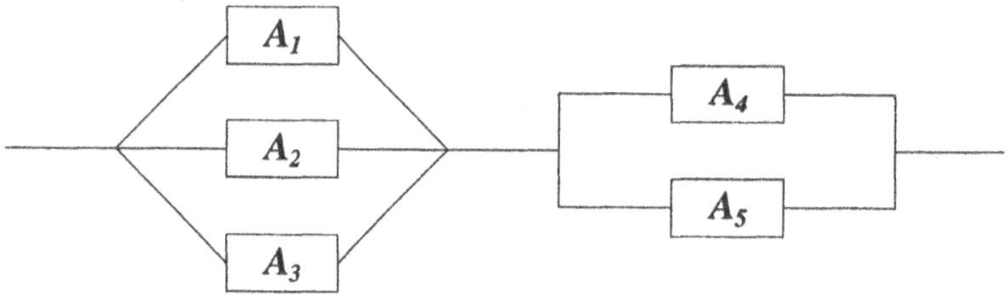

Supponiamo che ciascun componente abbia affidabilità p.

a. Si calcoli, in funzione di p, l'affidabilità del sistema.

b. Si calcoli l'affidabilità del sistema per $p = 0.8$.

c. Supponiamo di poter aggiungere al sistema un ulteriore componente di affidabilità 0.8, allo scopo di aumentare l'affidabilità del sistema. Il sesto pezzo può essere connesso ai precedenti in qualunque modo, mentre le connessioni tra i precedenti non possono essere cambiate. Come si deve posizionare questo componente affinché l'affidabilità del sistema sia la massima possibile? Si disegni lo schema del sistema modificato nel modo ritenuto migliore, e si motivi la scelta, mediante calcoli o considerazioni teoriche.

Capitolo 3

Variabili aleatorie e modelli probabilistici

3.1 Il processo di Bernoulli

Esercizio 3.1. Dimostrare che la legge $B(-n,p)$ ha la seguente densità (espressione (3) del paragrafo 3.3.2):

$$p(k) = \binom{n+k-1}{k} p^n(1-p)^k, \qquad \text{per } k = 0,1,2,\ldots$$

Suggerimento: ragionare in modo simile a quello visto per la legge binomiale, determinando:

a. il tipo di sequenza che realizza l'evento $(X = k)$;

b. la probabilità di una singola sequenza di questo tipo;

c. il numero di sequenze di questo tipo.

Esercizio 3.2. Una macchina per confezionare generi alimentari riempie meno del dovuto il 10% delle confezioni. Calcolare la probabilità che su 5 confezioni il numero di quelle sottopeso sia:

a. esattamente 3; *b.* esattamente 2; *c.* zero; *d.* almeno 1.

Esercizio 3.3. Calcolare (esplicitamente) la densità discreta della legge binomiale $B(5, 0.15)$ (arrotondando a 4 decimali le probabilità).

Esercizio 3.4. In una linea produttiva la frequenza relativa con cui sono prodotti pezzi difettosi è 0.2. Consideriamo 10 pezzi prodotti consecutivamente.

a. Qual è la probabilità che tra questi ce ne siano esattamente 4 difettosi?

b. Qual è il numero medio di pezzi difettosi prodotti?

c. Qual è la probabilità che il numero di pezzi difettosi non superi il numero medio di pezzi difettosi?

d. Si vogliono ora modificare le modalità produttive in modo che, con probabilità del 95%, il numero di pezzi difettosi su ogni 10 prodotti non sia più di uno. Qual è il massimo numero ammissibile per p?

e. (Supponiamo di nuovo $p = 0.2$). Se la produzione continua finché non si sono ottenuti 10 pezzi non difettosi, qual è il numero medio di pezzi difettosi che saranno prodotti? E il numero totale di pezzi?

Esercizio 3.5. Indicare, per ciascuna delle seguenti situazioni, se le ipotesi del modello bernoulliano sono soddisfatte. Consideriamo la produzione industriale di pezzi che possono essere o non essere entro prefissati limiti di tolleranza.

a. Per evitare la noia, un operaio al tornio passa, di tanto in tanto, da tipi di lavori "facili" ad altri "difficili".

b. Un altro operaio lavora con un solo tipo di articolo, ma diventa molto trascurato dopo pranzo e poco prima dell'ora di uscita.

c. Ogni macchinista nell'impianto verifica le dimensioni dei pezzi prodotti, e diventa più attento se trova un pezzo fuori dai limiti di tolleranza.

d. Alcuni apparecchi hanno una taratura automatica che gradualmente si allontana dal valore desiderato.

Esercizio 3.6. Se lancio 2 dadi la probabilità di fare 12 è 1/36: dunque mi aspetto che in 36 lanci esca un 12. Qual è la probabilità che ciò accada? Qual è il minimo numero di lanci da fare affinché la probabilità di uscita di un 12 sia almeno 0.5?

Esercizio 3.7. Un ispettore per il controllo di qualità rifiuta una partita di schede a circuiti stampati se in un campione di 20 schede sottoposte a test vengono trovati 3 o più pezzi difettosi. Determinare il numero atteso di pezzi difettosi e la probabilità di rifiutare una partita se la proporzione di pezzi difettosi nell'intera partita è:

a. 0.01; *b.* 0.05; *c.* 0.1; *d.* 0.2.

Esercizio 3.8. Un centralino telefonico è occupato per il 95% del tempo, per cui si può ritenere che, telefonando in un istante a caso, la probabilità di trovare la linea libera sia $p = 0.05$. Qual è il numero atteso di tentativi da fare per trovare la linea libera? E qual è il minimo numero di tentativi da fare perché la probabilità di trovare libera la linea sia più del 50%? Se le ipotesi del modello utilizzato sono vere, c'è differenza tra fare i tentativi tutti di seguito o a intervalli di tempo?

Esercizio 3.9. Due giocatori A, B dispongono di un'urna contenente r palline rosse e b palline bianche. Essi giocano una successione di partite, ciascuna delle quali consiste in un'estrazione (con rimessa) eseguita da A e in un'analoga operazione eseguita da B. Il gioco si arresta quando una partita dà risultati diversi per i due giocatori: vince allora il giocatore che in quella partita abbia estratto una pallina rossa.

a. Calcolare la probabilità p che in una singola partita i giocatori ottengano risultati diversi.

b. Detto N il numero di partite disputate perché il gioco abbia termine, si determini la legge di N e il suo valore atteso. Si tratta di una legge nota?

c. A e B decidono di giocare 3 "giochi" consecutivi (dove per "gioco" si intende una sequenza di partite come nei punti precedenti). Si determini la densità discreta della v.a. M che conta il numero di partite da disputare (complessivamente) per concludere 3 giochi.

Esercizio 3.10. Verificare, utilizzando le densità discrete di queste v.a., che le leggi $B(p)$, $B(n,p)$ soddisfano la condizione $\sum_k p_X(k) = 1$.

Esercizio 3.11. Un satellite è alimentato da 3 batterie solari, che sono esposte al rischio di danneggiarsi in seguito a collisione con micrometeoriti. Solo una cella per volta è attiva, ed è esposta al rischio. Se questa viene danneggiata, la seconda entra in funzione al suo posto, e così via. Quando tutte e 3 le batterie sono danneggiate, il satellite è morto. Se ogni giorno la probabilità di collisione è 0.05, qual è il numero atteso di giorni di vita del satellite? Qual è la probabilità che il satellite sopravviva almeno 90 giorni? Per aumentare questa probabilità, è meglio aggiungere una quarta batteria identica o mantenerne 3 ma ridurre a 0.03, con opportune protezioni, la probabilità quotidiana di danneggiamento?

Esercizio 3.12.

a. Si consideri un esperimento aleatorio che ha i tre possibili esiti $1, 2, X$, di probabilità a, b, c rispettivamente, e si consideri il gioco che consiste in una successione di esperimenti aleatori di questo tipo, indipendenti. Appena esce un "1" il giocatore vince; appena esce un "2" il giocatore perde; se esce "X" continua a giocare. Si dimostri che la probabilità di vittoria è $a/(a+b)$.

b. Due giocatori, A e B, si sfidano nel seguente gioco a dadi. I due giocatori lanciano, a turno, un dado. A vince se ottiene 5 o 6; B vince se ottiene un numero pari; il giocatore A lancia per primo. Il gioco è equo? (Suggerimento: sfruttare anche il risultato citato al punto *a.*).

3.2 Covarianza e correlazione

Esercizio 3.13. Lanciamo due dadi. Sia X il punteggio del primo dado, Y la somma dei punti dei due dadi.

a. Calcolare $\operatorname{Var} Y$.

b. Calcolare $\operatorname{Cov}(X, Y)$.

Esercizio 3.14. Verificare che il coefficiente di correlazione è invariante per cambiamenti di scala, ovvero: se X, Y sono due v.a. e a, b sono due costanti, il coefficiente di correlazione di $(aX + b)$ e $(aY + b)$ coincide con $\rho_{X,Y}$.

3.3 La legge ipergeometrica

Esercizio 3.15. Estraiamo 7 palline da un'urna che ne contiene 4 bianche e 8 nere; qual è la probabilità di estrarne (esattamente) 3 bianche? Rispondere alla domanda supponendo l'estrazione compiuta con reimmissione o senza reimmissione (discutere i due casi)[1].

Esercizio 3.16. Determinare la densità discreta del numero di pezzi difettosi in un campione di 5 estratto da un lotto di 500, di cui il 10% difettoso. (Usare approssimazioni a 5 decimali).

a. Calcolare le probabilità esatte (legge ipergeometrica);

b. Calcolare le probabilità con l'approssimazione binomiale.

3.4 Esercizi di ricapitolazione sulle variabili aleatorie discrete

Esercizio 3.17. A un casello autostradale arriva un numero medio di 240 automobili all'ora. Questa media è calcolata in base alle osservazioni effettuate nei giorni feriali, dalle 10 del mattino alle 16.

a. Sotto ipotesi ragionevoli, si può calcolare la probabilità che dalle 11.05 alle 11.06 di martedì prossimo passino al massimo due automobili?

b. Sotto ipotesi ragionevoli, si può calcolare la probabilità che dalle 23.05 alle 23.06 di martedì prossimo passino al massimo due automobili?

In entrambe i casi, in caso affermativo, dire esplicitamente la legge utilizzata e calcolare la probabilità richiesta.

Esercizio 3.18. Il 35% dell'elettorato è a favore del candidato Pinco Pallino. In una sezione elettorale votano 200 persone ("scelte a caso") e X è il numero di quelle che sono a suo favore.

a. Determinare la probabilità che X sia maggiore di 75 (scrivere la formula esplicita che assegna questa probabilità, senza eseguire il calcolo numerico).

b. A votazione conclusa, lo scrutatore inizia lo spoglio delle schede. Determinare la probabilità che il nome di Pinco Pallino compaia per la prima volta alla quarta scheda scrutinata (fornire anche il risultato numerico). Determinare il valore atteso del numero di schede da scrutinare per trovare per la prima volta il nome di Pinco Pallino.

c. Determinare la probabilità che il nome di Pinco Pallino compaia per la terza volta alla decima scheda scrutinata (fornire anche il risultato numerico).

d. Lo scrutinio è terminato: Pinco Pallino ha ricevuto 60 voti. Se ora si scelgono a caso 10 schede tra le 200, qual è la probabilità che tra esse ce ne siano esattamente 3 per Pinco Pallino? Scrivere l'espressione esatta che assegna questa probabilità, e se possibile fornire il risultato numerico.

[1] Questo problema si trova in Huygens, "De ratiociniis in ludo aleae", 1657

e. Eseguire ora il calcolo della probabilità richiesta al punto precedente, usando una opportuna approssimazione, mediante un'altra legge notevole, e fornire il risultato numerico. Spiegare il procedimento.

Esercizio 3.19. I pezzi prodotti da una certa linea produttiva sono difettosi nello 0.2% dei casi. Se ne ispezionano 400. Qual è la probabilità che se ne trovi più di uno difettoso?

a. Fornire il risultato esatto, usando l'opportuna distribuzione.

b. Fornire un risultato approssimato, usando un'opportuna distribuzione.

Esercizio 3.20. In una certa isola del Giappone si verificano in media 4 terremoti all'anno. Nell'ipotesi che i terremoti si susseguano nel tempo secondo un processo di Poisson:

a. Qual è la probabilità che si verifichino almeno 3 terremoti nella prima metà del 2015?

b. Qual è la probabilità che non si verifichi alcun terremoto nel prossimo mese di agosto?

Esercizio 3.21. In una rete di telecomunicazioni, le interruzioni della linea si verificano con una media di una al giorno. Calcolare la probabilità che nella rete si verifichi:

a. nessuna interruzione per 5 giorni;

b. esattamente 2 interruzioni in 3 giorni;

c. almeno un'interruzione in 4 giorni;

d. almeno 2 interruzioni in 5 giorni.

Esercizio 3.22. L'influenza ha colpito, lo scorso inverno, il 3% degli studenti di una grande Università. Un ispettore sanitario vuole fare un'indagine sulla salute degli studenti di Diploma (che sono in tutto 2000) e chiama, in ordine alfabetico, i 150 studenti della sezione A del Diploma chiedendo a ciascuno di dichiarare se ha avuto almeno un episodio di influenza nei mesi da gennaio a marzo. (La risposta alla domanda è dunque "sì" o "no").

a. Qual è la probabilità che il primo studente "intervistato" risponda di sì?

b. Qual è la probabilità che il primo studente che risponde di sì sia il numero 5?

c. Qual è la probabilità che il terzo studente che risponde di sì sia il numero 15?

d. Qual è il valore atteso della variabile aleatoria che conta il numero totale degli studenti "influenzati" (cioè coloro che hanno risposto "sì") nella sezione A?

e. Qual è la probabilità che il numero totale degli studenti influenzati nella sezione A sia minore del valore atteso (calcolato al punto precedente)? (Scrivere la formula esplicita che assegna questa probabilità, senza eseguire il calcolo numerico).

f. Supponiamo ora di sapere che il numero totale di studenti influenzati nella sezione A è 5. Qual è la probabilità che, su 50 studenti scelti a caso tra i 150 della sezione A ce ne siano esattamente due influenzati? (Scrivere la formula esplicita che assegna questa probabilità, senza eseguire il calcolo numerico).

Esercizio 3.23. Un monitoraggio del traffico in una via centrale di una città ha dato i seguenti risultati, nei giorni e negli orari specificati:

	h. 8-9	h. 8-9	h. 14-15	h. 10-12
	giorno feriale	domenica	giorno feriale	sabato
n^o di auto	750	40	200	300
ore di osservaz.	5	1	4	3

a. Si determini il numero medio di auto all'ora in ciascuna delle 4 situazioni.

b. Assumendo che all'interno di ciascuno dei 4 intervalli temporali il traffico segua il modello di Poisson con parametro uguale alla media calcolata al punto *a*., calcolare, in ciascuno dei 4 casi: il numero atteso di auto in un periodo di 3 minuti; la probabilità che passino esattamente 5 auto in un periodo di 3 minuti.

Esercizio 3.24. Il numero di guasti settimanali di un certo macchinario è stato registrato per 15 settimane; i dati sono i seguenti:

$$5,\quad 4,\quad 4,\quad 2,\quad 8,\quad 2,\quad 4,\quad 2,\quad 5,\quad 3,\quad 4,\quad 2,\quad 3,\quad 2,\quad 6.$$

a. Tracciare un istogramma della distribuzione osservata.

b. Calcolare media e varianza campionaria.

c. In base a quanto osservato e calcolato, sembra plausibile che il fenomeno sia descritto da una legge di Poisson? In caso affermativo, qual è il valore stimato del parametro, in base al campione osservato?

d. Su un'altra macchina sono stati osservati invece i seguenti dati:

$$6,\quad 5,\quad 7,\quad 6,\quad 4,\quad 5,\quad 8,\quad 6,\quad 4,\quad 4,\quad 5,\quad 8,\quad 7,\quad 6,\quad 6.$$

Rispondere alle stesse domande.

3.5 Le variabili aleatorie continue

Esercizio 3.25. Calcolare media e varianza della distribuzione uniforme sull'intervallo (a, b).

Esercizio 3.26. Dimostrare che la legge di Cauchy (v. Esempio 80 del paragrafo 3.9) non ha valore atteso finito.

Esercizio 3.27. Sia X la v.a. continua avente densità:

$$f_X(t) = \begin{cases} te^{-t} & \text{per } t > 0 \\ 0 & \text{per } t \leq 0 \end{cases}$$

a. Calcolare il valore atteso di X.

b. Calcolare la funzione di ripartizione $F_X(x)$.

c. Disegnare il grafico di f_X e di F_X.

Esercizio 3.28. Calcolare il valore atteso della v.a. X avente funzione di ripartizione:

$$F_X(t) = \begin{cases} 1 - \frac{1}{(1+t)^2} & \text{per } t > 0 \\ 0 & \text{per } t \leq 0 \end{cases}$$

(suggerimento: calcolare prima la densità).

Esercizio 3.29. Sia X una v.a. continua di densità:

$$f_X(t) = c\,t\,(1-t)^2\, I_{(0,1)}(t)\,.$$

a. Determinare il valore della costante c in modo tale che $f_X(t)$ risulti una densità (cioè il suo integrale esteso a $\mathbb{R}$ si uguale a 1).

b. Calcolare il valore atteso di X.

c. Calcolare l'espressione analitica della funzione di ripartizione $F_X(t)$.

3.6 Il processo di Poisson

Esercizio 3.30. Una folla di persone aspetta in fila indiana il taxi, alla stazione centrale. Sia X il numero di taxi che passa in un'ora e N il numero medio di taxi che passano in un'ora (N è noto).

a. Sotto quali ipotesi sul fenomeno si può assumere che X sia una v.a. di Poisson?

b. Ci si metta d'ora in poi nelle ipotesi del punto *a*.. Se $N = 20$, qual è la probabilità che nella prossima mezz'ora passino non più di 5 taxi?

c. Sia Y il tempo di attesa, espresso in ore, perché arrivi il primo taxi. Riconoscere la legge di Y. Qual è la probabilità che il primo taxi arrivi in meno di un minuto?

d. Se io sono il quinto della fila, e ogni taxi carica una persona, quanto dovrò aspettare in media per prendere il taxi?

e. Qual è la probabilità che io debba aspettare più del doppio del tempo medio calcolato in *d*.?

Esercizio 3.31. Un apparecchio elettronico produce mediamente N impulsi al secondo. Sapendo che il numero di impulsi segue una legge di Poisson, stabilire la probabilità:

a. che in 1000 secondi si verifichino almeno 2500 impulsi;

b. che il primo impulso si verifichi dopo almeno 2 secondi;

c. che si debba attendere più di 3 secondi per avere K impulsi.

Citare esplicitamente le distribuzioni notevoli che si utilizzano per rispondere alle domande. Ovviamente, per le probabilità è richiesta una formula, non un risultato numerico.

Esercizio 3.32. Sia Λ il numero medio di meteoriti che ogni anno raggiunge l'atmosfera terrestre. Solo una frazione p di queste raggiunge la superficie terrestre; infine, solo una frazione q della superficie terrestre è abitata.

a. Qual è la probabilità che in un mese almeno due meteoriti cadano su una zona abitata? Si giustifichi il modello utilizzato per rispondere, esplicitando le ipotesi fatte. Si dia poi un risultato numerico supponendo $\Lambda = 10^4, p = 3 \cdot 10^{-5}, q = 0.1$.

b. Sia Y il tempo, espresso in mesi, che occorre aspettare prima che 3 meteoriti cadano su qualche zona abitata. Dopo aver riconosciuto la legge di Y, si calcoli la probabilità che questo tempo sia ≤ 2 mesi (sfruttando i valori per Λ, p, q dati nel punto precedente).

c. Nella "notte di S. Lorenzo" (10 agosto) si osserva un numero particolarmente elevato di meteoriti in arrivo nell'atmosfera terrestre. Se questo è vero, qualcuna delle ipotesi fatte nel punto a va rivista? Come e perché? Si discutano i limiti di validità delle conclusioni tratte ai punti *a.* e *b.*.

Esercizio 3.33. Un ospedale ha un generatore elettrico d'emergenza connesso ai circuiti ausiliari che forniscono energia ad alcune aree critiche: in caso di black-out, l'unità provvede energia elettrica alle sale operatorie e ad alcuni impianti. Il tempo medio tra due guasti del generatore d'emergenza è 100 ore.

a. Calcolare la probabilità che il generatore si guasti durante un black-out di 10 ore.

b. Supponiamo che un secondo generatore d'emergenza identico operi in parallelo. Il sistema si blocca solo se, durante un black-out, entrambi i generatori si guastano. Calcolare la probabilità di questo evento durante un black-out di 10 ore.

Esercizio 3.34. Siano μ, σ la media e la deviazione standard di una v.a. $X \sim Esp(\lambda)$. Calcolare

$$P(|X - \mu| < k\sigma)$$

per $k = 1, 2, 3$. Si confrontino i valori ottenuti con le corrispondenti stime fornite dalla disuguaglianza di Cebicev (Teorema 49, §3.6.1).

Esercizio 3.35. Un impianto ha registrato, nelle ultime ore di lavoro, guasti alle ore:

$$\begin{array}{cccccccc} 7, & 8, & 23, & 24, & 25, & 27, & 44, & 49, \\ 52, & 58, & 82, & 92, & 123, & 125, & 134. & \end{array}$$

a. Assumendo che il tempo tra due guasti successivi segua una legge esponenziale, si stimi il parametro λ.

b. Si tracci un istogramma delle osservazioni relative alla variabile T = tempo fra due guasti.

c. Assumendo che il valore stimato per λ sia il valore vero, si calcoli la varianza della v.a. T = tempo fra due guasti. Si confronti poi la varianza calcolata così con la varianza campionaria, calcolata dalle osservazioni. Il confronto tende a confermare o smentire il fatto che il modello di Poisson si applichi?

3.7 Il tempo di vita di un apparecchio

Esercizio 3.36. Un computer è costituito da 4 sottosistemi in serie, ciascuno dei quali si può guastare, indipendentemente dagli altri, causando il blocco del computer. Supponendo che il tempo di buon funzionamento di ciascun sottosistema sia una v.a. esponenziale di parametro λ, determinare:

a. la distribuzione della v.a. "istante in cui si blocca il computer";

b. il valore atteso del tempo prima del blocco del computer, sapendo che il valore atteso del tempo prima della rottura di un sottosistema è di 2000 ore;

c. la probabilità che il tempo di funzionamento del computer superi le 100 ore.

Esercizio 3.37. La durata X di un componente elettronico segue una legge esponenziale con durata media 12 mesi.

a. Determinare la probabilità che un componente che è già durato per 3 mesi duri, complessivamente, per più di 12 mesi.

b. Quando si guasta un componente, questo viene sostituito con uno nuovo dello stesso tipo. Calcolare la probabilità che una scorta di 4 componenti (compreso il primo che viene posto in funzione) sia sufficiente a garantire una durata complessiva di almeno 36 mesi. Calcolare il valore atteso e la deviazione standard della durata complessiva fornita dai 4 componenti.

c. Qual è il minimo numero di componenti da avere affinché con probabilità almeno del 95% la durata complessiva sia di almeno 12 mesi?

3.8 La funzione di *istantaneous failure rate* e le leggi di Weibull

Esercizio 3.38. Si scriva esplicitamente la funzione $Z(t)$ per una v.a. di legge $\Gamma(2, \nu)$, e se ne tracci il grafico.

Esercizio 3.39. Il tempo di vita Y di un apparecchio, espresso in anni, è descritto da una legge di Weibull con $c = \beta = 1$. Calcolare:

a. il tempo t_0 per cui si ha $P(Y > t_0) = 0.5$.

b. la probabilità che un apparecchio che ha già vissuto un anno, viva ancora per un tempo almeno t_0.

Esercizio 3.40. Determinare la densità della v.a. "tempo di vita" per un apparecchio costituito da due componenti identici e indipendenti, ciascuno con tempo di vita descritto da una legge di Weibull con $c = \beta = 1$, disposti:

a. in serie;

b. in parallelo.

(Suggerimento: ragionare come nell'Esempio 102 del paragrafo 3.10.3)

3.9 Il modello normale

Esercizio 3.41. Una macchina confeziona barattoli di caffè del contenuto netto nominale di 250 g. Il peso reale è una v.a. normale di media 250 g. Calcolare la deviazione standard del peso, sapendo che il 5% dei barattoli pesa più di 252 g. Calcolare quindi la probabilità che un barattolo pesi meno di 245 g.

Esercizio 3.42. La lunghezza di certe sbarrette d'acciaio prodotte in serie è una v.a. normale di media 4 cm e varianza 0.04 cm^2. Se decidiamo di scartare il 5% delle sbarrette che hanno lunghezza minore e il 5% delle sbarrette che hanno lunghezza maggiore, determinare la lunghezza minima e massima dei pezzi accettati.

Esercizio 3.43. Il diametro delle sfere d'acciaio prodotte da una certa macchina segue una distribuzione normale. Si supponga che il 20% delle sfere abbia diametro inferiore a 2.4 cm e che il 10% delle sfere abbia diametro maggiore di 2.6 cm.

a. Determinare media e varianza del diametro della sfera.

b. Calcolare la probabilità che il diametro di una sfera sia maggiore di 2.5cm.

Esercizio 3.44. In un processo industriale, una macchina miscela due sostanze versandone quantità opportune in tanti barattoli. Le proporzioni desiderate sono 1 : 2 (cioè ogni barattolo dovrebbe contenere 1/3 della sostanza A e 2/3 della sostanza B. In pratica, le quantità X_A, X_B versate in ogni barattolo sono v.a. che si possono supporre normalmente distribuite, con

$$X_A \sim N\left(\mu, \sigma^2\right); \quad X_B \sim N\left(2\mu, \sigma^2\right).$$

Qual è il massimo valore ammissibile per σ^2 se si vuole che, con probabilità 0.99 almeno, sia $|X_B - 2X_A| < 0.01$?

Esercizio 3.45. La temperatura di una certa città segue la legge normale con $\mu = 68°\text{F}$ e $\sigma = 4°\text{F}$ (gradi Fahrenheit). Trovare la distribuzione della stessa grandezza espressa in gradi Celsius. (Si ricordi che la temperatura del ghiaccio fondente e dell'acqua in ebollizione, in condizioni standard, avviene a 32°F e 212°F, rispettivamente).

Esercizio 3.46. Si vuole progettare un'ascensore in grado di trasportare 30 persone. Si supponga che il peso di un individuo segua una legge normale di media 70 kg e varianza 100 kg^2. Quale dev'essere il carico massimo sopportato dalla cabina, se vogliamo che, con probabilità del 99.9%, la cabina (da ferma) resista al peso di 30 persone scelte a caso?

Esercizio 3.47. La legge normale può essere usata talvolta per rappresentare il tempo di vita di un apparecchio, quando questo tempo sia "abbastanza prevedibile".

Supponiamo che la durata di funzionamento senza guasti di un certo tipo di televisore sia una v.a. distribuita normalmente con media 530 giorni e deviazione standard 100 giorni.

a. Qual è la probabilità che un televisore nuovo duri un anno senza guastarsi?

b. Qual è la probabilità che un televisore che ha vissuto un anno senza guastarsi viva un anno ancora senza guastarsi? Commentare il risultato ottenuto in questo punto, in relazione a quello ottenuto al punto precedente.

c. Se la casa produttrice del televisore vuole stabilire la durata del periodo di garanzia in modo tale che non più del 10% dei televisori abbia bisogno di riparazioni sotto garanzia, quanto dev'essere lungo, al massimo, il periodo di garanzia?

3.10 Verifica della normalità dei dati. *normal–scores plot*

Esercizio 3.48. Si vuole studiare la resistenza di un certo tipo di filo di nylon alla rottura. La resistenza alla rottura è misurata dalla forza necessaria a spezzare il filo, ed è quindi espressa in Newton. Su un campione di 5 fili si sono ottenute le seguenti misure di resistenza:

$$7.17; \quad 6.65; \quad 8.80; \quad 5.49; \quad 7.44.$$

È plausibile che la resistenza di un filo si distribuisca secondo una legge normale? Per rispondere, si costruisca un *normal-scores plot* delle 5 misure osservate e lo si commenti. Si calcoli quindi media e varianza campionaria a partire da questi dati.

3.11 Il Teorema del Limite Centrale e l'approssimazione normale

Esercizio 3.49. Consideriamo la popolazione degli individui adulti di sesso maschile residenti in un certo comune. È noto che: la statura media di questa popolazione è 174cm; il 99% degli individui della popolazione ha statura compresa tra 154cm e 194cm; la statura degli individui della popolazione è normalmente distribuita.

a. In base a questi dati, determinare la deviazione standard della statura.

b. Calcolare la probabilità che un individuo scelto a caso dalla popolazione abbia statura compresa tra 165cm e 170cm.

c. Consideriamo ora un campione casuale di 20 individui scelti da questa popolazione. Calcolare la probabilità che la media campionaria delle stature degli individui di questo campione sia compresa tra 165cm e 170cm.

Esercizio 3.50. Due dadi vengono lanciati per 60 volte consecutive. Qual è la probabilità di ottenere 7 almeno 10 volte?
Per rispondere: si determini la legge seguita dalla v.a. "numero di volte in cui si ottiene 7, lanciando 60 volte due dadi" e si scriva la formula esatta che assegna la probabilità dell'evento cercato; si calcoli poi la stessa probabilità facendo uso di una opportuna approssimazione.

Esercizio 3.51. Il numero giornaliero di passeggeri sui treni da Milano a Firenze è una variabile aleatoria di distribuzione incognita. Supponendo che il valore atteso sia pari a 3000 e la deviazione standard pari a 1000, si calcoli approssimativamente la probabilità che in 30 giorni il numero complessivo di viaggiatori sia almeno 100 000.

Esercizio 3.52. Un libro ha 400 pagine. Supponiamo che la probabilità che una pagina sia priva di errori sia 0.98 e che la presenza o meno di errori in pagine diverse siano eventi indipendenti. Sia X il numero di pagine che richiedono correzioni.

a. Riconoscere la legge di X.

b. Calcolare la probabilità che sia $X \geq 4$, facendo uso dell'approssimazione normale.

c. La probabilità calcolata in *b.* potrebbe essere approssimata anche facendo uso di una v.a. notevole diversa dalla normale: quale? Si esegua il calcolo approssimato della probabilità che sia $X \geq 4$ facendo uso di questo secondo metodo.

Esercizio 3.53. I traghetti da Bellagio per Varenna partono ogni 10 minuti. Il signor Rossi è in vacanza a Bellagio per 6 giorni, ed ogni giorno sceglie a caso un istante in cui recarsi al molo d'imbarco. Lo stesso fa anche il signor Brambilla, che invece trascorre a Bellagio un periodo di 30 giorni.

a. Calcolare la probabilità p che, in un dato giorno, il signor Rossi attenda più di 7 minuti.

b. Sia X la v.a. che denota il numero dei giorni in cui il signor Rossi attende il traghetto per più di 7 minuti. Qual è la distribuzione di X? Calcolare EX e $\text{Var}X$.

c. Sia Y la v.a. che denota il numero di giorni in cui il signor Brambilla attende il traghetto per più di 7 minuti. Qual è la distribuzione di Y? Calcolare EY e $\text{Var}Y$.

d. Utilizzando l'approssimazione normale, calcolare le seguenti probabilità:

$P(Y < 5)\,;\ P(Y > 15)\,;\ P(6 < Y < 12).$

Esercizio 3.54. La statura X di un ragazzo di 18 anni scelto a caso tra coloro che si presentano alla visita di leva è una v.a. di legge normale, $N(175, 30)$. Un addetto misura le stature in modo piuttosto inaccurato, cosicché la statura che viene registrata è $Y = X + W$, dove W è l'errore commesso. Supponendo che $W \sim N(-2, 6)$ si calcoli:

a. la probabilità che la statura registrata sia inferiore a 180 cm;

b. un intervallo che contiene il 99% delle misure effettuate;

c. la probabilità che un ragazzo alto 178 cm sia registrato come inferiore a 175 cm.

Capitolo 4

Statistica inferenziale

4.1 Stima puntuale

Esercizio 4.1. Dato il campione, proveniente da una distribuzione discreta

$$\{1, 1, 7, 2, 2, 3, 3, 1, 3, 1, 3, 5\}$$

a. Tracciare un istogramma di frequenza e calcolare $\overline{x}_n, s_n^2$, *skewness* e curtosi. In base al grafico e a queste statistiche, è verosimile che i dati provengano da una distribuzione di di Poisson $P_0(\lambda)$? (Cfr. con §3.12).

b. Stimare il valore del parametro λ, in base al campione.

c. Calcolare, in base al valore stimato del parametro, $p_X(k)$ per $k = 0, 1, \ldots, 7$, e confrontare queste probabilità con le frequenze relative osservate nel campione. C'è un buon adattamento dei dati empirici al modello teorico?

Esercizio 4.2. Dato il campione, proveniente da una distribuzione continua:

$$\{0.53, 7.58, 0.94, 2.63, 0.01, 2.47, 4.19, 2.80, 1.04, 1.87, 0.68, 0.22\}.$$

a. Tracciare un istogramma di frequenza (raggruppando i dati in almeno 4 classi) e calcolare $\overline{x}_n, s_n^2$, *skewness* e curtosi (a partire dai dati grezzi). In base al grafico e a queste statistiche, è verosimile che i dati provengano da una distribuzione esponenziale Esp(ν)? (Cfr. con §3.12).

b. Stimare il valore del parametro ν, in base al campione. (Utilizzare uno stimatore corretto).

Esercizio 4.3. Dato il campione, proveniente da una distribuzione normale $N(\mu, \sigma^2)$:

$$\{0.39, 0.68, 0.82, 1.35, 1.38, 1.62, 1.70, 1.71, 1.85, 2.14, 2.89, 3.69\}.$$

a. Calcolare $\overline{x}_n, s_n^2$, *skewness* e curtosi.

b. Stimare il valore dei parametri μ, σ, in base al campione.

c. Raggruppare i dati grezzi in 4 classi $[0,1)$, $[1,2)$, ecc., e calcolare le frequenze assolute e relative di queste classi.

d. In base al valore dei parametri stimati al punto *b.*, calcolare le probabilità che X appartenga a ciascuna delle classi costruite al punto *c.*, e confrontare con le frequenze relative. C'è un buon adattamento dei dati empirici al modello teorico?

e. Il valore di *skewness* e curtosi conferma o smentisce l'adattamento dei dati empirici al modello teorico?

Esercizio 4.4. Si consideri la famiglia di densità continue, dipendenti dal parametro $\alpha > 0$:

$$f(x;\alpha) = \begin{cases} c_\alpha x^{\alpha-1}(1-x) & \text{per } x \in (0,1) \\ 0 & \text{altrimenti,} \end{cases}$$

a. Determinare il valore della costante c_α per cui questa è una densità.

b. Calcolare, in dipendenza da α, il valore atteso della legge.

c. Costruire uno stimatore del parametro α, in base a un campione casuale di ampiezza n.

d. Stimare α, utilizzando lo stimatore precedente, nel caso in cui i dati campionari forniscano $\overline{x}_n = 0.52$.

4.2 Stima per intervalli

Esercizio 4.5. In ciascuno degli esempi successivi, costruire un intervallo di confidenza al livello del 95% per la media μ di una popolazione normale la cui deviazione standard si assume pari a $\sigma = 14.5$:

a.	*b.*	*c.*	*d.*
$n = 36$	$n = 100$	$n = 500$	$n = 1000$
$\overline{x}_n$=100.25	$\overline{x}_n$=99.75	$\overline{x}_n$=100.75	$\overline{x}_n$=100.5

Esercizio 4.6. Un ispettore vuole stimare il peso medio del contenuto in una partita di barattoli di conserve di 450 g. Un campione di 200 barattoli viene perciò ispezionato. Media e deviazione standard calcolate sul campione sono $\overline{x}_n = 447$ g e $s_n = 9$ g. Costruire un intervallo di confidenza al livello del 99% per il peso medio μ su tutta la partita.

Esercizio 4.7. Si sono fatti dei test per confrontare l'affidabilità di 3 differenti marche di floppy disk. Per ciascuna delle 3 marche, A, B, C, si è considerato un campione di 100 esemplari, che sono stati sottoposti a varie prove. Per ogni dischetto si è misurato il tempo, in ore, dopo il quale si è verificato il primo errore. I dati sono i seguenti:

Marca A	Marca B	Marca C
$\overline{x}_n = 49h$	$\overline{x}_n = 55h$	$\overline{x}_n = 53h$
$s_n = 8.2h$	$s_n = 10.1h$	$s_n = 7.5h$

Costruire intervalli di confidenza al livello del 95% per il tempo medio di funzionamento senza errori dei dischetti delle tre marche, in modo da eseguire un confronto di prestazioni. Cosa si può concludere? Per la validità del procedimento seguito, è necessario supporre che la v.a. "Tempo di funzionamento senza errori" sia distribuita normalmente?

Esercizio 4.8. La proporzione di pezzi difettosi trovata in un campione di 100 articoli selezionati a caso da una linea produttiva è 0.1. Costruire intervalli di confidenza per la proporzione di pezzi difettosi sull'intera produzione ai seguenti livelli di confidenza:

a. 90%; *b.* 95%; *c.* 99%.

Esercizio 4.9. I controlli in una birreria richiedono qualche aggiustamento quando la proporzione p di lattine di birra riempite troppo poco raggiunga o superi 0.015. Non c'è modo di conoscere il valore esatto della proporzione di lattine sottopeso. Perciò, periodicamente, si estrae un campione di 100 lattine e se ne misura il contenuto.

a. Su un campione sono state trovate 6 lattine sottopeso. Costruire un intervallo di confidenza al livello del 95% per il valore vero di p.

b. Qual è la probabilità di trovare almeno 6 lattine sottopeso in un campione di 100, se il valore vero di p è in effetti solo 0.01?

Esercizio 4.10. Un giornale riporta la seguente notizia: "Un'indagine campionaria ha mostrato che il 70% degli italiani preferisce il mare alla montagna". Si tratta naturalmente di una notizia data in modo impreciso: un'indagine campionaria non potrà concludere nulla di certo sulla percentuale degli italiani (cioè della popolazione complessiva) che preferiscono il mare. Quello che il giornale intende dire è che una frazione 0.7 delle persone del campione considerato è di quest'opinione.

a. Calcolare, in dipendenza dall'ampiezza n del campione, un intervallo di confidenza (approssimato) al 90% per la proporzione degli italiani che preferiscono il mare.

b. Quale dev'essere la minima ampiezza del campione considerato affinché si possa affermare, con una confidenza del 90%, che la percentuale di italiani che preferiscono il mare è compresa (approssimativamente) tra il 69% e il 71%?

Esercizio 4.11. In un campione casuale di 500 abbonati al telefono, si è accertato che il 20% utilizza il servizio di filodiffusione. Sia p la frequenza relativa di coloro che usano la filodiffusione nella popolazione costituita dalla totalità degli abbonati.

a. Si costruisca un intervallo di confidenza (approssimato) al livello del 95% per il parametro p.

b. Si supponga ora che l'indagine campionaria non sia ancora stata eseguita. Come si deve scegliere l'ampiezza n del campione per essere certi che (qualunque sia l'esito dell'indagine campionaria) l'intervallo di confidenza per p, al livello del 95%, abbia ampiezza ≤ 0.01?

Esercizio 4.12. Per stimare il tempo medio richiesto per assemblare un certo componente di computer, 40 tecnici di una ditta elettronica vengono cronometrati mentre svolgono questa operazione, ottenendo una media di $\overline{x}_n = 12.73$ minuti, con una deviazione standard di $s_n = 2.06$ minuti.

a. Costruire un intervallo di confidenza al livello del 95% per il tempo medio di assemblaggio.

b. Calcolare l'errore massimo che si commette stimando la media con $\overline{x}_n$, al livello di confidenza del 99%.

Esercizio 4.13. In uno studio sull'inquinamento atmosferico effettuato da una certa stazione sperimentale, si sono registrati, su 8 diversi campioni d'aria, i seguenti valori di una certa sostanza tossica (in microgrammi per metro cubo):

$$2.2;\ 1.8;\ 3.1;\ 2.0;\ 2.4;\ 2.0;\ 2.1;\ 1.2.$$

Assumendo che la popolazione campionata sia normale, si stabilisca un intervallo di confidenza per la media, al livello del 95%. L'ipotesi di normalità della popolazione è essenziale, in questo caso, per giustificare il procedimento seguito?

4.3 Test di ipotesi

Esercizio 4.14. Un'associazione di consumatori decide di controllare se le confezioni di spaghetti di una certa marca contengono effettivamente il peso dichiarato. Su 51 scatole di spaghetti da 500 g si è trovata una media campionaria di $\overline{x} = 492\,\text{g}$, con una varianza campionaria $s^2 = 220\,\text{g}^2$.

a. Supponendo che la quantità di spaghetti contenuta in una confezione si possa modellizzare con una v.a. normale, un opportuno test statistico permette di concludere, al livello $\alpha = 0.05$, che in media le confezioni contengono meno di quanto dichiarato? Per rispondere si espliciti l'ipotesi nulla, la statistica e la regola di decisione utilizzata.

b. L'ipotesi che la distribuzione sia normale è indispensabile per giustificare il procedimento seguito?

Esercizio 4.15. La precisione di una macchina che produce componenti di dimensioni specificate viene tenuta sotto controllo con verifiche campionarie: la dimensione specificata è $\mu = 3.5\,\text{mm}$. Se, su 150 pezzi prodotti, si è riscontrata una media campionaria pari a 3.42 mm, e una varianza campionaria pari a $0.2209\,\text{mm}^2$, il processo va considerato "sotto controllo" o "fuori controllo"? Rispondere poi alla stessa domanda, supponendo che le stesse statistiche siano state rilevate su un campione di ampiezza 60.

Esercizio 4.16. Una ditta acquista componenti semplici da un'altra ditta, in lotti da 5000 pezzi, e vuole avere la garanzia che al massimo il 4% di questi pezzi siano difettosi. Prima di utilizzare questi componenti, perciò, da ogni lotto di 5000 viene selezionato un campione di 150 pezzi che vengono sottoposti a collaudo. Se al massimo k dei pezzi collaudati non funzionano, la partita viene accettata, altrimenti verrà respinta al fornitore.

a. Come si deve scegliere k affinché la probabilità di accettare un lotto con almeno il 4% dei pezzi difettosi sia inferiore al 5%? Per rispondere, si imposti il problema come un test di ipotesi, scegliendo opportunamente l'ipotesi nulla, l'ipotesi alternativa e il criterio di decisione. (La scelta dev'essere conforme al punto di vista espresso nel problema). Spiegare le eventuali approssimazioni fatte.

b. Supponiamo di aver scelto $k = 2$. Con questo criterio di decisione, qual è la massima probabilità di scartare un lotto con meno del 4% dei pezzi difettosi?

Esercizio 4.17. Il 32% degli studenti di una certa Università abita fuori dal Comune in cui è situata l'Università stessa. Tra i 600 studenti del Corso di Diploma di quell'Università, si seleziona un campione casuale di 30 studenti; di questi, 14 risultano abitare fuori città. Si può concludere, da questi dati, che il Diploma richiami studenti da fuori città più della Laurea? Per rispondere si esegua un opportuno test statistico, al livello di significatività 0.05, spiegando il procedimento seguito, l'ipotesi nulla, e formulando una conclusione in modo corretto.

Esercizio 4.18. In una grande azienda multinazionale, ad ogni dipendente è assegnato un "coefficiente di produttività", in una scala da 1 a 100. Un campione casuale di 5 dipendenti del reparto A ha i seguenti coefficienti:

$$\{87, 92, 94, 89, 90\}.$$

Un secondo campione casuale di 9 dipendenti del reparto B ha i seguenti coefficienti:

$$\{88, 85, 93, 96, 90, 91, 89, 93, 95\}.$$

Si può affermare che un reparto sia più produttivo dell'altro? Per rispondere, si imposti il problema mediante un opportuno test statistico, esplicitando le ipotesi che occorre fare, le statistiche che si utilizzano, l'ipotesi nulla, il livello di significatività scelto, e si esprima con un linguaggio appropriato la conclusione a cui si è giunti dall'analisi di questi dati statistici.

Esercizio 4.19. Da due popolazioni normali indipendenti X, Y si sono estratti due campioni di ampiezza, rispettivamente, $n = 40$ e $m = 50$. Si è trovato:

$$\overline{x}_n = 2.91;\ s_X^2 = 9.3;\ \overline{y}_m = 1.98;\ s_Y^2 = 2.1.$$

In base a questi dati si può affermare, al livello di significatività del 5%, che $\mu_X > \mu_Y$?

Esercizio 4.20. Quattro macchine selezionate a caso tra tutte quelle di una certa officina, hanno prodotto, in un'ora, 12, 8, 10, 9 pezzi. Le stesse macchine, dopo una certa modifica, hanno prodotto, rispettivamente, 14, 10, 13, 8 pezzi, sempre in un'ora.

a. Si può affermare che la modifica abbia innalzato il numero medio di pezzi prodotti? Per rispondere, si esegua un test al livello del 5% sull'ipotesi che la media non sia cresciuta.

b. Si risponda alla stessa domanda supponendo ora che le 4 macchine dopo la modifica abbiano prodotto, rispettivamente, $8, 10, 13, 14$ pezzi in un'ora.

Esercizio 4.21. Nel §4.4.4 si è fornita la seguente "regola pratica" per valutare se le varianze di due popolazioni normali si possano ritenere uguali: riteniamo diverse le varianze quando una varianza campionaria è almeno 4 volte l'altra. Vogliamo ora sottoporre questa regola pratica ad una critica più rigorosa. Supponiamo di eseguire un test F, al livello del 5%, sull'uguaglianza di 2 varianze; supponiamo di aver trovato $s^2_{max}/s^2_{min} = 3.95$ (perciò, in base alla regola pratica, non dovremmo rifiutare l'ipotesi di uguaglianza tra le varianze); usando le tavole della distribuzione F, si dica se i dati consentono di rifiutare l'ipotesi nei seguenti casi:

$$a.\ n_M = n_m = 5; \quad b.\ n_M = 15,\ n_m = 5; \quad c.\ n_M = n_m = 20.$$

(Si noti che la regola pratica fornita era finalizzata solo a garantire la validità approssimata del test t sull'uguaglianza delle medie, mentre non è uno strumento preciso per valutare l'uguaglianza delle varianze. Questo esercizio vuole anche insegnare a non avere una fiducia assoluta nelle "regole pratiche" troppo semplici per poter essere rigorosamente valide in tutti i casi).

4.4 Test chi-quadro di adattamento e di indipendenza

Esercizio 4.22. Da un'indagine condotta su 200 famiglie è emerso che:

n^o di figli	0	1	2	3	4	≥ 5
n^o di famiglie	52	60	55	18	8	7

Le osservazioni provengono da una legge di Poisson? (Suggerimento: per stimare il parametro dal campione occorre fare qualche ipotesi ragionevole sulla composizione dell'ultima classe...).

Esercizio 4.23. La teoria di Mendel indica che la forma e il colore di una certa varietà di piselli dovrebbero essere suddivisi in 4 gruppi, "lisci e gialli", "lisci e verdi", "rugosi e gialli", "rugosi e verdi" secondo i rapporti 9/3/3/1. Sono stati osservati i seguenti dati:

lisci e gialli	315
lisci e verdi	108
rugosi e gialli	101
rugosi e verdi	32
Totale	556

Si verifichi, al livello di significatività del 5%, se i dati osservati si adattano alla distribuzione teorica.

Esercizio 4.24. In un lotto di pezzi si è osservato che questi possono presentare due tipi di difetti, A e B. Si valuti l'ipotesi che la presenza del difetto A sia indipendente dalla presenza del difetto B, quando si è rilevato che:

- in 10 casi è presente sia A che B;
- in 15 casi è presente A e non B;
- in 20 casi è presente B e non A;
- in 5 casi non è presente né A né B.

Esercizio 4.25. I risultati di sondaggi condotti su un campione di 200 persone quattro settimane e due settimane prima di un'elezione del governatore di uno stato degli USA sono mostrati nella tabella seguente:

	2 settimane prima	4 settimane prima
Per il candidato Repubblicano	79	91
Per il candidato Democratico	84	66
Indecisi	37	43

Verificare, al livello di significatività del 5%, se c'è stato un mutamento di opinione nelle due settimane tra i due sondaggi.

Esercizio 4.26. Un vaccino anti-influenzale è stato somministrato a 500 persone, e il loro stato di salute in un anno è stato confrontato con quello di un campione di altre 500 persone, non vaccinate. I dati sono riassunti nella tabella:

	nessuna influenza	una influenza	più di una influenza
vaccinate	252	145	103
non vaccinate	224	136	140

Ci si chiede se ci sia evidenza statistica dell'efficacia del vaccino.

4.5 Esercizi di ricapitolazione sulla statistica inferenziale

Esercizio 4.27. Si vuole eseguire un'indagine campionaria per stimare quale proporzione delle famiglie di una certa città va al ristorante almeno una volta al mese. L'obiettivo è determinare un intervallo di confidenza al livello del 90% per questa proporzione; inoltre, si vuole che l'ampiezza dell'intervallo di confidenza non superi 0.04.

a. Si determini il minimo numero di famiglie da intervistare, affinché l'indagine permetta di raggiungere l'obiettivo.

b. Si risponda alla stessa domanda utilizzando ora la seguente informazione ulteriore: sappiamo che la proporzione che vogliamo stimare certamente non supera 0.1.

c. Il sondaggio è stato eseguito su un campione di 700 famiglie, e si è trovato che 32 di esse vanno al ristorante almeno una volta al mese. Si calcoli l'intervallo di confidenza richiesto, in base a questo risultato, e si verifichi che la sua ampiezza non eccede 0.04.

Esercizio 4.28. Il tempo di vita di 41 componenti elettronici scelti a caso da una partita numerosa è stato misurato, e si è trovato una media campionaria $\overline{x}_n = 12.3$ mesi, con una varianza campionaria $s_n^2 = 150$ mesi^2.

a. Determinare un intervallo di confidenza al 95% per il tempo medio di vita. Per giustificare il procedimento seguito, è necessario conoscere la legge della v.a. "tempo di vita"? Spiegare la risposta.

b. Se, con gli stessi dati campionari e lo stesso livello di confidenza, l'ampiezza del campione aumenta, l'ampiezza dell'intervallo di confidenza:

[A] aumenta; [B] diminuisce; [C] dipende ?

Spiegare brevemente la risposta.

c. Se, con gli stessi dati campionari e la stessa ampiezza del campione, il livello di confidenza aumenta, l'ampiezza dell'intervallo di confidenza:

[A] aumenta; [B] diminuisce; [C] dipende ?

Spiegare brevemente la risposta.

d. Se eseguiamo un nuovo campionamento con un campione di ampiezza maggiore e fissiamo lo stesso livello di confidenza, l'ampiezza dell'intervallo di confidenza:

[A] aumenta; [B] diminuisce; [C] dipende ?

Spiegare brevemente la risposta.

e. Assumendo che il tempo di vita X segua una legge esponenziale (si stimi il parametro dai dati campionari), qual è la probabilità che un componente che ha già 4 mesi di vita funzioni ancora per almeno 10 mesi?

Esercizio 4.29. Il tempo di vita T di 100 componenti elettronici è stato registrato, e i dati (espressi in mesi) sono raggruppati nella seguente tabella:

$0 < T \leq 2$	40
$2 < T \leq 4$	34
$4 < T \leq 6$	11
$6 < T \leq 10$	15
Totale	100

Si può ritenere che la variabile "tempo di vita" segua una legge esponenziale? Per rispondere, si esegua un test chi quadro di adattamento al livello di significatività del 5%.

Esercizio 4.30. Dalla misurazione della lunghezza di 15 chiodi prodotti da una fabbrica sono stati ottenuti i seguenti valori in millimetri:

138	130	143	140	136
129	137	136	135	131
143	136	142	140	132

a. Raggruppare questi dati in opportune classi di uguale ampiezza, dopo averli ordinati in senso crescente (si consiglia di costruire 3 classi).

b. Costruire la tabella delle frequenze relative e percentuali.

c. Qual è la lunghezza media del campione di chiodi?

d. Calcolare lo scarto quadratico medio.

e. Disegnare l'istogramma di frequenze associato a questa distribuzione.

f. Si consideri ora un campione di 150 chiodi distribuiti tra le classi nel modo prima descritto (basta quindi moltiplicare per 10 ognuna delle frequenze assolute calcolate prima). È noto che la lunghezza dei chiodi si distribuisce come una v.a. normale di media 136 mm e varianza 25 mm^2. Si adatta questa distribuzione teorica ai dati empirici qui analizzati? Rispondere a questa domanda eseguendo un test chi quadro al livello 0.05.

g. Si supponga ora di sapere solo che la lunghezza dei chiodi si distribuisce come una v.a. normale di media 136 mm (e varianza incognita). Cosa cambia nel procedimento seguito per effettuare il test? E se non si conoscesse neppure la media?

Esercizio 4.31. Campionando da una popolazione normale, si sono osservati i 4 valori:

$$2; \ -1.8; \ 3; \ -4.1.$$

a. Si verifichi, al livello di significatività del 5%, l'ipotesi che il il valore atteso μ sia nullo.

b. Si determini la regione critica del test

$$H_0 : \sigma^2 \leq \sigma_0^2; \quad H_1 : \sigma^2 > \sigma_0^2$$

al livello di significatività del 5%.

c. Si determini il massimo valore σ_0^2 per cui il campione consente di rifiutare, al livello del 5%, l'ipotesi che $\sigma^2 \leq \sigma_0^2$.

Esercizio 4.32. L'etichetta delle bottiglie di birra Meloni dichiara un contenuto di 730 ml. Un'associazione di consumatori decide di controllare quest'affermazione: su 61 bottiglie provate si riscontra una media campionaria di $\overline{x} = 726$ ml, con una varianza campionaria $s^2 = 625$. Supponendo che la quantità di liquido contenuta in ogni bottiglia si possa modellizzare con una v.a. normale, un opportuno test statistico permette di concludere, al livello $\alpha = 0.05$, che in media le bottiglie contengono meno di quanto dichiarato?

Esercizio 4.33. Un campione di 12 misure della resistenza alla rottura di un certo tipo di fili di nylon ha dato una media di 7.38 N e uno scarto quadratico medio di 1.24 N. Si ipotizza che i valori della resistenza seguano una distribuzione normale.

a. Trovare un intervallo di confidenza al 90% per la reale resistenza media dei fili alla rottura.

b. Quanto dovrebbe essere ampio il campione affinché, al livello di confidenza del 90%, lo scarto tra il valore vero della resistenza media e quello osservato non ecceda 0.5 N?

c. In un secondo campione, di 15 misure, si osserva una resistenza media pari a 8.5 N ed uno scarto quadratico medio pari a 1.5 N. Si può ritenere che i due campioni provengano dallo stesso stock di produzione? Per rispondere a questa domanda:

  *c*1. si esegua un test, al livello di significatività del 5%, sull'uguaglianza tra le due varianze; se il test porta a rifiutare l'uguaglianza delle varianze, si conclude che i campioni provengono da stock diversi;

  *c*2. se il test precedente conferma l'uguaglianza delle due varianze, si esegua un test, al livello di significatività del 5%, sull'uguaglianza delle medie (nell'ipotesi di varianze incognite ma uguali): se il test porta a rifiutare l'ipotesi di uguaglianza delle medie, si conclude che i campioni provengono da stock diversi.

Esercizio 4.34. Una ditta produce pasta all'uovo, dichiarando che il contenuto di uova della pasta è il 14% del totale. La v.a. X che rappresenta la percentuale di uova nella pasta segue una legge normale di media m e varianza 1, dove la quantità m può essere predeterminata tarando opportunamente la macchina.

a. Fissando $m = 14$, qual è la probabilità che un pacco di pasta contenga meno del 14% di uova?

b. Si supponga che il produttore si sia impegnato a rispettare uno standard per cui non più del 5% delle confezioni devono avere una percentuale di uova inferiore al 14%. Qual è il minimo valore di m a cui deve tarare la macchina affinché sia rispettato questo standard?

c. La risposta al quesito precedente è $m_0 = 15.64$, e in effetti il produttore dichiara all'istituto per il controllo della qualità di aver tarato la macchina su questo valore. Un ispettore vuole sincerarsi della veridicità dell'asserzione del produttore; analizza quindi un campione di 16 confezioni, osservando una percentuale media del 15.04%. Cosa si può concludere? Si può rifiutare l'ipotesi che il produttore abbia dichiarato il vero?

Esercizio 4.35. Avendo osservato il campione

$$\{103,\ 105,\ 100,\ 102,\ 106,\ 108,\ 105,\ 104,\ 103\}$$

proveniente da una legge normale:

a. fornire una stima puntuale della varianza, utilizzando uno stimatore non distorto;

b. calcolare un intervallo di confidenza della varianza, al livello del 90%.

Esercizio 4.36. Una macchina ha prodotto 180 pezzi, di cui 6 difettosi; un'altra ha prodotto 214 pezzi di cui 12 difettosi. Si valuti se il diverso comportamento delle macchine può ritenersi statisticamente significativo o puramente casuale.

Esercizio 4.37. Si sta determinando il peso P di un oggetto mediante una bilancia di cui si vuole stabilire l'accuratezza. Si suppone che il risultato di una pesata sia una v.a. X rappresentabile come $X = P + \epsilon$, dove ϵ è un v.a. normale centrata (cioè di media nulla) con varianza σ^2 incognita. Si effettuano 20 pesate $(X_1, X_2, \ldots, X_{20})$ dell'oggetto in questione, e si ottiene

$$\sum_{i=1}^{20} (x_i - \overline{x}_{20})^2 = 250.$$

Si determini un intervallo di confidenza al 95% per σ^2.

Esercizio 4.38. Per studiare la crescita di un certo tipo di pianta, un agricoltore misura venti piante del tipo prescelto ad un anno da quando sono state piantate, e ottiene i seguenti dati:

2.6	1.9	1.8	1.6	1.4
2.2	1.2	1.6	1.6	1.5
1.4	2.3	1.7	2.0	2.1
2.8	2.1	1.0	0.8	3.1

a. Calcolare media, mediana, varianza campionaria; suddividere i dati in un congruo numero di classi e tracciare un istogramma di frequenza. È verosimile che la distribuzione delle altezze segua una legge normale?

b. In base a questi dati, si può concludere che l'altezza media è diversa da 1.9 al 95% di confidenza?

Esercizio 4.39. Si supponga che da una partita numerosa di transistor ne venga selezionato e testato un campione di 100 per stabilire se soddisfano certi requisiti di qualità.

a. Se si trova che 80 dei 100 soddisfano i requisiti, si determini un intervallo di confidenza al 95% per la percentuale p dei transistor della partita che soddisfano i suddetti requisiti.

b. Se il produttore afferma che la percentuale di transistor non soddisfacenti è al più del 15%, in base al campione estratto possiamo credergli, al livello di significatività del 5%?

Esercizio 4.40. La tabella seguente mostra il numero di giorni nei quali, in una grande fabbrica, si sono verificati infortuni sul lavoro:

$N°$ di infortuni	0	1	2	3	4	Totale
$N°$ di giorni	12	22	14	11	1	60

Si vuole formulare un modello probabilistico adatto a descrivere il fenomeno. A tal fine:

1. Si elenchino le v.a. notevoli studiate che assumono solo valori interi.

2. Si tracci un diagramma a barre della distribuzione empirica trovata, e si calcoli media, mediana, e varianza (campionaria).

3. Si proponga una legge per modellizzare la v.a. $X =$"$n°$ di infortuni in un giorno qualsiasi", motivando la scelta in base a quanto osservato ai punti precedenti e quanto ci si può aspettare a priori, in base alle proprietà teoriche note della legge che si propone. Si esplicitino in particolare le ipotesi (ragionevoli!) sul fenomeno in esame, che motivano la scelta.

4. Dopo aver proposto una legge per X, se ne stimi il parametro incognito (o i parametri incogniti) in base ai dati del campione, e si esegua un test di adattamento dei dati empirici alla distribuzione teorica, al livello 0.05. Cosa si conclude?

5. Si supponga ora di disporre delle seguenti informazioni ulteriori:

   a. La fabbrica ha un piccolo numero di operai soggetti al rischio di infortuni.

   b. Alcuni operai sono molto più soggetti degli altri al rischio di infortunio.

   c. Il rischio di ciascun operaio è molto basso, e i rischi dei vari operai sono paragonabili.

   Per ciascuna delle informazioni precedenti (considerata a sè, non congiuntamente alle altre) si dica se essa costituisce, a priori di qualsiasi test statistico, un elemento pro, contro o indifferente al modello proposto, giustificando brevemente la risposta.

Esercizio 4.41. In un ufficio lavorano 5 persone, ognuna con un proprio PC. Poiché i PC sono piuttosto vecchi e molto utilizzati, danno frequenti inconvenienti. Si è registrato, in un certo periodo, il numero di PC che, ogni giorno, ha avuto qualche tipo di malfunzionamento.

$n°$ di guasti	0	1	2	3	Totale
$n°$ di giorni	10	11	6	3	30

Si vuole formulare un modello probabilistico adatto a descrivere il fenomeno. A tal fine:

1. Si tracci un diagramma a barre della distribuzione empirica trovata, e si calcolino media, mediana, e varianza (campionaria).

2. Si proponga una legge per modellizzare la v.a. $X =$"$n°$ di guasti in un giorno qualsiasi", motivando la scelta in base a quanto osservato al punto precedente e a quanto ci si può aspettare a priori, in base alle proprietà teoriche note della legge che si propone. Si esplicitino in particolare le ipotesi (ragionevoli!) sul fenomeno in esame, che motivano la scelta.

3. Dopo aver proposto una legge per X, se ne stimi il/i parametro/i incognito/i in base ai dati del campione, e si esegua un test di adattamento dei dati empirici alla distribuzione teorica, al livello 0.05. Cosa si conclude?

4. Si supponga ora di disporre delle seguenti informazioni ulteriori:

a. I PC sono connessi in rete tra loro, e gli impiegati eseguono frequentemente operazioni che fanno interagire i PC.

b. I PC sono di ugual modello ed età.

Per ciascuna delle informazioni precedenti (considerata a sè, non congiuntamente all'altra) si dica se essa costituisce, a priori di qualsiasi test statistico, un elemento pro, contro o indifferente al modello proposto, giustificando brevemente la risposta.

5. Si supponga di disporre della seguente informazione ulteriore (alternativa alle *a.* e *b.* del punto precedente):

c. I PC sono di due tipi diversi: 2 sono nuovi (e identici tra loro) e 3 sono vecchi (e identici tra loro).

Si formuli un modello teoricamente più adeguato a tener conto di questo fatto. Si stimino poi tutti i parametri incogniti della legge proposta, a partire dalla seguente tabella di dati campionari (diversa dalla precedente).

$n°$ di guasti	0	1	2	3	4	Totale
$n°$ di giorni	5	15	5	4	1	30

Si esegua un test di adattamento, al livello 0.05.

Esercizio 4.42. Un impianto ha registrato, nelle ultime ore di lavoro, guasti alle ore:

$$\begin{array}{cccccccc} 7, & 8, & 23, & 24, & 25, & 27, & 44, & 49, \\ 52, & 58, & 82, & 92, & 123, & 125, & 134. & \end{array}$$

Si può ritenere che la variabile aleatoria "tempo tra due guasti successivi" segua legge esponenziale? Per rispondere:

a. Si calcolino i tempi di attesa tra due guasti successivi, per i dati osservati;

b. si costruisca un tabella di frequenze e un istogramma della variabile "tempo d'attesa", raggruppando opportunamente i dati in classi; si calcolino media e varianza campionaria: queste informazioni tendono a confermare o smentire il fatto che la variabile segua una legge esponenziale?

c. È possibile, con questi dati, eseguire un test chi quadro di adattamento alla legge esponenziale?

Esercizio 4.43. Il tempo di vita di un certo apparecchio, misurato in anni, si può rappresentare con una v.a. distribuita seconda una legge gamma. Estraendo un campione casuale da una popolazione distribuita secondo tale legge, si sono osservati i 5 valori

$$2;\ 3;\ 5;\ 1;\ 2.5.$$

Si stimino i parametri n e ν della distribuzione.

Esercizio 4.44. L'accuratezza di una macchina che produce componenti di dimensioni specificate viene tenuta sotto controllo con verifiche campionarie: la soglia di accettabilià è $\sigma^2 = 0.2\,\mathrm{mm}^2$. Se, su 150 pezzi prodotti, si è riscontrata una varianza campionaria pari a $0.2209\,\mathrm{mm}^2$, il processo va considerato "sotto controllo" o "fuori controllo"? Rispondere, esplicitando le ipotesi che occorre fare sul fenomeno in esame, ponendosi dai due punti di vista diversi:

a. la macchina va ritenuta sotto controllo fino a prova contraria;

b. la macchina va ritenuta fuori controllo fino a prova contraria.

Esercizio 4.45. Si consideri la seguente classificazione di 1000 persone secondo il sesso e il fatto di essere o non essere daltonici:

	Maschio	Femmina
Daltonici	38	6
Normali	442	514

a. Si esegua un test sull'indipendenza del fattore "daltonismo" dal sesso.

b. In effetti, secondo un modello genetico, questi dati dovrebbero avere frequenze relative date da

	Maschio	Femmina
Daltonici	$q - 3q^2$	$3q^2$
Normali	$0.5 - q + 3q^2$	$0.5 - 3q^2$

dove q è la proporzione di individui daltonici sulla popolazione. I dati si adattano a questa distribuzione teorica? Per rispondere, si stimi prima q dal campione, e si esegua poi un opportuno test di adattamento.

Parte II

Soluzioni

Capitolo 1

Statistica descrittiva

1.1 Statistica univariata

Esercizio 1.1. Nella seguente tabella sono state scelte classi di ampiezza 0.1:

Classi	Freq. assol.	Freq. rel.	Freq. perc.	Freq. cum.
1.7 - 1.8	4	0.20	20	20
1.8 - 1.9	7	0.35	35	55
1.9 - 2.0	1	0.05	5	60
2.0 - 2.1	7	0.35	35	95
2.1 - 2.2	1	0.05	5	100
Totale	20	1.00	100	

Esercizio 1.2. Usando la formula per il calcolo della media campionaria si ottiene:

$$\bar{x} = \frac{14+12+21+28+30+63+29+63+55+19+20}{11} = \frac{354}{11} = 32.18.$$

Per determinare la varianza, calcoliamo prima

$$\frac{1}{11}\sum_{i=1}^{11} x_i^2 = \frac{14^2+12^2+21^2+28^2+30^2+63^2+29^2+63^2+55^2+19^2+20^2}{11}$$
$$= \frac{15030}{11} = 1366.36,$$

e quindi usiamo la formula:

$$\sigma^2 = \frac{1}{11}\sum_{i=1}^{11} x_i^2 - (\bar{x})^2 = 330.8.$$

Infine la deviazione standard non è altro che la radice della varianza:

$$\sigma = \sqrt{\sigma^2} = \sqrt{330.8} = 18.2.$$

Esercizio 1.3. Utilizzando le formule del paragrafo 1.4 (ricordiamo che i valori $x_1, \ldots, x_5$ sono i valori medi degli intervalli) si ha:

$$\bar{x} = \frac{1}{33}\sum_{i=1}^{5} x_i f_i = \frac{5\cdot 5 + 12.5\cdot 8 + 17.5\cdot 14 + 22.5\cdot 4 + 30\cdot 2}{33} = 15.76;$$

$$\frac{1}{33}\sum_{i=1}^{5} x_i^2 f_i = \frac{5^2 \cdot 5 + 12.5^2 \cdot 8 + 17.5^2 \cdot 14 + 22.5^2 \cdot 4 + 30^2 \cdot 2}{33} = 287.5;$$

$$\sigma^2 = \frac{1}{33}\sum_{i=1}^{5} x_i^2 f_i - \bar{x}^2 = 39.12, \qquad \sigma = \sqrt{\sigma^2} = 6.25.$$

Esercizio 1.4.

a.

Età (anni)	Freq.	Freq. Rel.	Freq. perc.	Freq. cum.
20–24	5	0.0909	9.09	9.09
25–29	13	0.2364	23.64	32.73
30–34	17	0.3091	30.91	63.64
35–39	8	0.1454	14.54	78.18
40–80	12	0.2182	21.82	100.00
Totale	55	1.0000	100.00	

b.

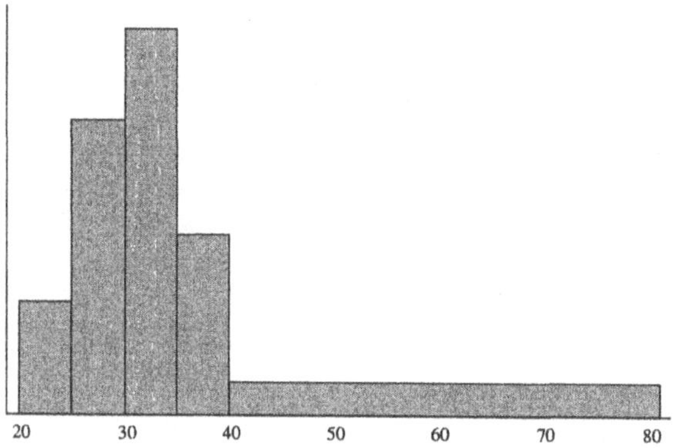

Esercizio 1.5.

	Freq.	Freq. rel.	Freq. perc.
A. Ingegneria/Informatica	347	0.0491	4.91
B. Sanità	1937	0.2739	27.39
C. Istruzione	2833	0.4007	40.07
D. Area sociale e legale	698	0.0987	9.87
E. Arte/Sport	901	0.1274	12.74
F. Altro	355	0.0502	5.02
Totale	7071	1.0000	100.00

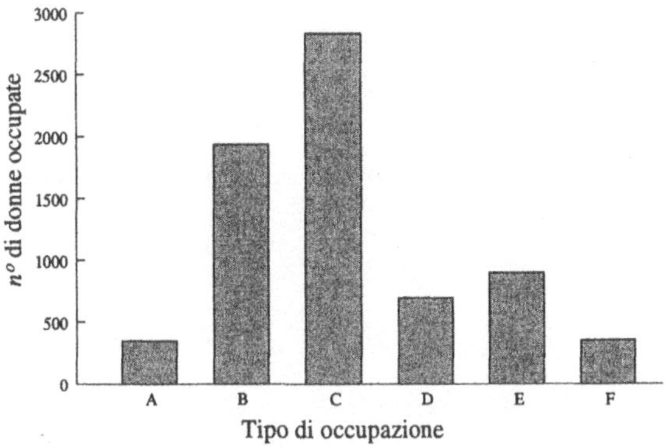

Esercizio 1.6.

a.

n^o interventi	Freq. ass.	Freq. rel.	Freq. cum.
0	1	0.04	4
1	7	0.28	32
2	5	0.20	52
3	5	0.20	72
4	2	0.08	80
5	2	0.08	88
6	0	0.00	88
7	2	0.08	96
8	1	0.04	100
Totale	25	1.00	

b.

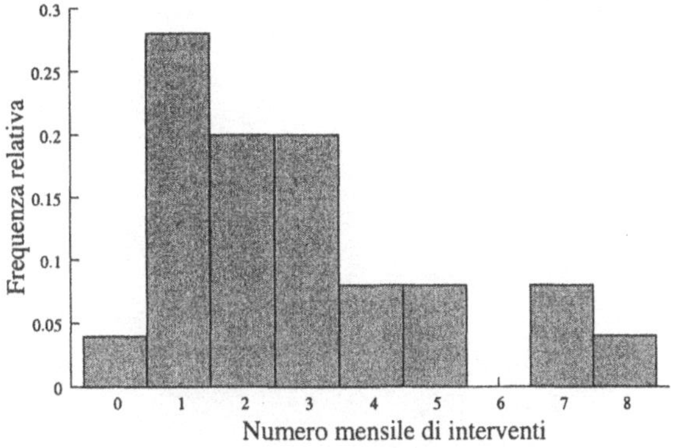

Si può osservare che la distribuzione è molto asimmetrica con una coda verso destra.

c. La distribuzione del numero mensile di interventi ha una distribuzione bimodale con due massimi (mode): 1 e 7.

d. Usando le formula del paragrafo 1.3 si ha per la media:

$$\bar{x} = \frac{1}{25}\sum_{i=1}^{25} x_i = \frac{72}{25} = 2.88.$$

Per calcolare la mediana occorre mettere i valori in ordine crescente:

0	1	1	1	1	1	1	1	2	2	2	2	2
3	3	3	3	3	4	4	5	5	7	7	8	

il valore della mediana è dato dal numero al tredicesimo posto, cioè 2.

Esercizio 1.7. Per calcolare la media e la varianza basta applicare le formule standard:

$$\bar{x} = \frac{1}{15}\sum_{i=1}^{15} x_i = \frac{43}{5} = 8.6,$$

$$\sigma^2 = \frac{1}{15}\sum_{i=1}^{15} x_i^2 - \bar{x}^2 = \frac{1549}{15} - \left(\frac{43}{5}\right)^2 = 29.31.$$

Per trovare la mediana e i quartili, occorre ordinare i dati in ordine crescente:

posizione	1	2	3	4	5	6	7	8	9	10	11	12	13	14	15
dato	1	2	2	3	5	6	8	9	9	10	10	13	15	17	19

La mediana è data dal dato in ottava posizione, cioè 9. Poiché $15 \cdot 0.25 = 3.75$ il primo quartile Q_1 è dato dal quarto dato, cioè $Q_1 = 3$. Il secondo quartile coincide con la mediana $Q_2 = 9$ mentre poiché $15 \cdot 0.75 = 11.25$ il terzo quartile è dato dal dodicesimo dato $Q_3 = 13$. Si ottiene quindi il seguente *boxplot*:

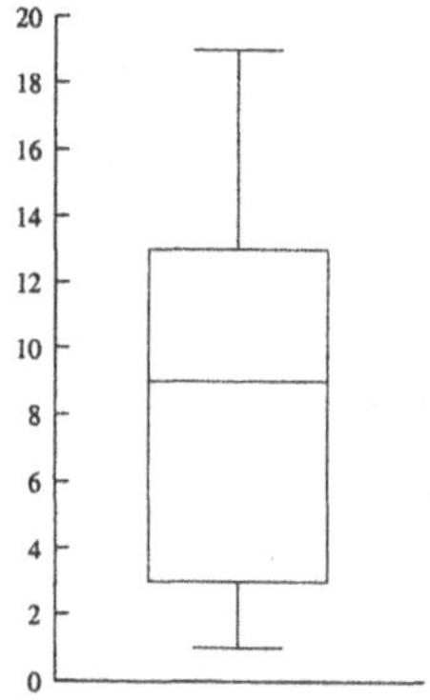

Esercizio 1.8.

a.

```
0*  | 4
0.  | 7
1*  | 0 1
1.  | 5 8 8
2*  | 1 2 2 2
2.  | 6 7 8 9 9 9
3*  | 0 0 2 2 3 3
3.  | 5 6 7 8 9
4*  | 0 0 0 0 2
4.  | 8
5*  | 4 4
```

(diagramma in unità di 0.1)

b. L'ampiezza delle classi nello *stem and leaf display* è 0.5. Nella figura seguente sono rappresentati gli istogrammi dei dati prendendo come ampiezza delle classi rispettivamente 0.5 e 1.

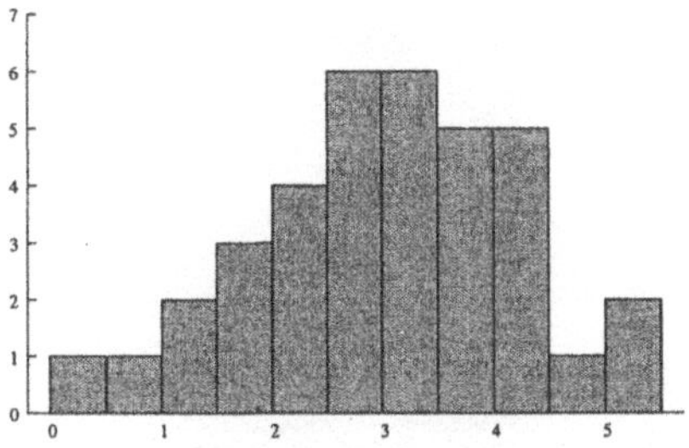

Classi di ampiezza 0.5

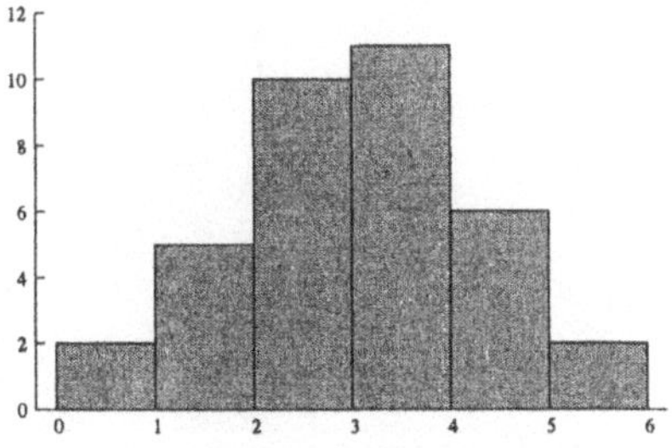

Classi di ampiezza 1

La distribuzione appare unimodale e asimmetrica, con una coda più lunga a sinistra. Dall'istogramma la media sembra essere circa 3. Il calcolo preciso dà come risultato:

$$\bar{x} = \frac{1}{36}\sum_{i=1}^{36} x_i = \frac{107.1}{36} = 2.975.$$

c. Calcoliamo prima la varianza in pollici:

$$\sigma^2 = \frac{1}{36}\sum_{i=1}^{36} x_i^2 - \bar{x}^2 = 10.2625 - \left(\frac{107.1}{36}\right)^2 = 1.41.$$

e quindi abbiamo per la media

$$\bar{x} = 2.975 \text{ pollici} = 2.975 \cdot 2.54 \text{ cm} = 7.56 \text{ cm}.$$

Invece per la varianza dobbiamo ricordarci che è espressa in pollici al quadrato, per cui si ha

$$\sigma^2 = 1.41 \text{ pollici}^2 = 1.41 \cdot (2.54)^2 \text{ cm}^2 = 9.10 \text{ cm}^2.$$

Esercizio 1.9.

a. b. Per ottenere le frequenze relative basta fare le differenze tra le frequenze cumultive successive, per esempio per ottenere la frequenza relativa di $300 < h \leq 600$ bisogna calcolare $0.35 - 0.09 = 0.26$, mentre per ottenere le frequenze assolute occorre moltiplicare le frequenze relative per il numero di osservazioni che in questo caso è il numero di pozzi, cioè 700.

Profondità (in metri)	Freq. (relativa) cum.	Freq. rel.	Freq. ass.
$h \leq 300$	0.09	0.09	63
$300 < h \leq 600$	0.35	0.26	182
$600 < h \leq 1200$	0.72	0.37	259
$1200 < h \leq 1800$	0.88	0.16	112
$1800 < h \leq 2400$	0.95	0.07	49
$2400 < h \leq 3000$	0.98	0.03	21
$3000 < h \leq 3600$	0.99	0.01	7
$3600 < h \leq 4200$	1.00	0.01	7

c. Si tratta di un istogramma con classi di ampiezza diversa.

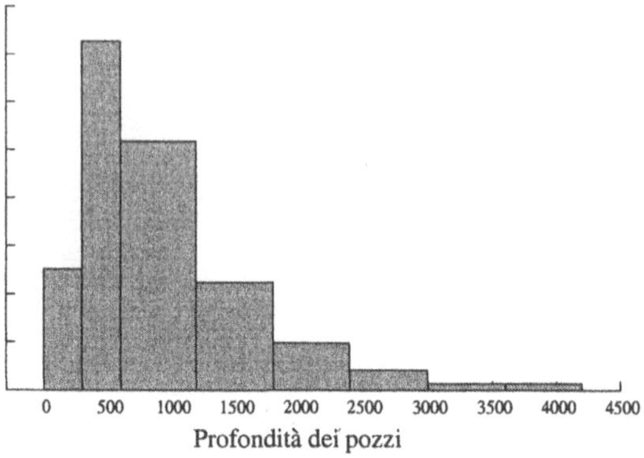

Esercizio 1.10. Nella prima tabella le classi più ampie sono costituite da 3 voti, per cui si può calcolare sia la media che la mediana (per dati raggruppati). In particolare per la media si ha

$$\bar{x} = \frac{1}{71}\sum_{i=1}^{5} x_i f_i = \frac{19 \cdot 5 + 22 \cdot 18 + 25 \cdot 27 + 28 \cdot 15 + 30 \cdot 6}{71} = \frac{1766}{71} = 24.87,$$

mentre poiché il 36° valore cade nell'intervallo 24 – 26, un valore approssimato della mediana è 25.

Nella seconda tabella, la prima e l'ultima classe hanno ampiezza troppo grande (l'ultima ha ampiezza infinita!) quindi non è possibile calcolare la media nemmeno in modo approssimato. Viceversa, essendo i dati in numero di 65, la mediana è data dal valore del 33° dato che si trova nell'intervallo 100 – 109, quindi potremmo prendere il valore medio 104.5 come valore approssimato della mediana.

Nella terza tabella, la prima classe ha ampiezza troppo grande, quindi non possiamo calcolare con una precisione accettabile la media. Il numero dei dati è 66 quindi la mediana è compresa tra il valore del 33° e del 34° dato. Però di entrambi i dati sappiamo solo che si trovano nella prima classe che ha ampiezza 60, quindi in questo caso non possiamo calcolare con precisione accettabile nemmeno la mediana.

Esercizio 1.11.

a. È ragionevole aspettarsi una distribuzione di frequenza simmetrica, centrata sul volume di liquido che le bottiglie dovrebbero contenere.

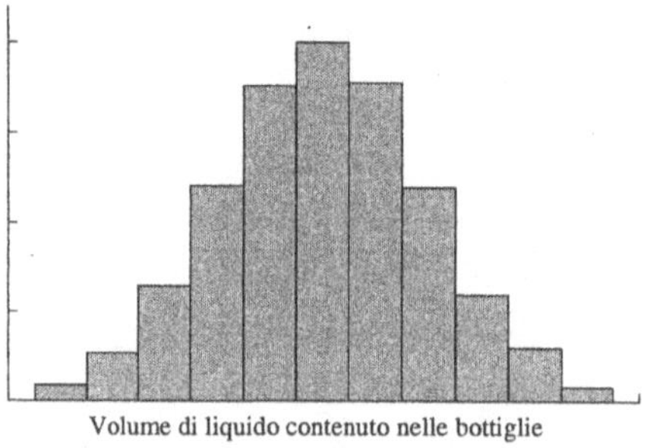

b. In questo caso ci aspettiamo una distribuzione concentrata a destra dello zero (non si possono avere tempi di attesa negativi).

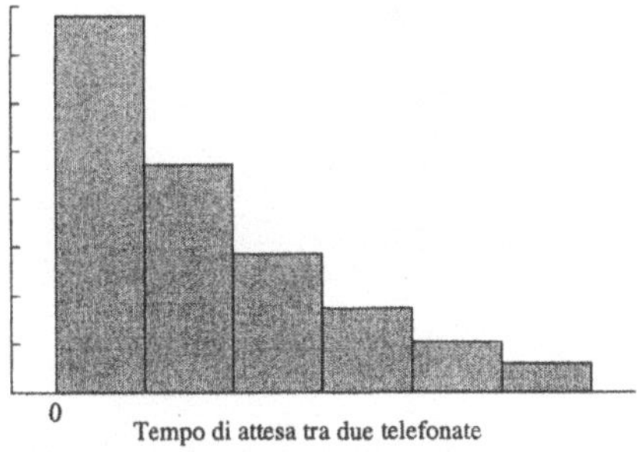

c. Poiché il test è piuttosto facile ci aspettiamo una concentrazione di punteggi verso l'alto con una coda verso i punteggi bassi, infatti gli studenti bravi faranno il test quasi tutto giusto, mentre gli altri avranno punteggi più differenziati.

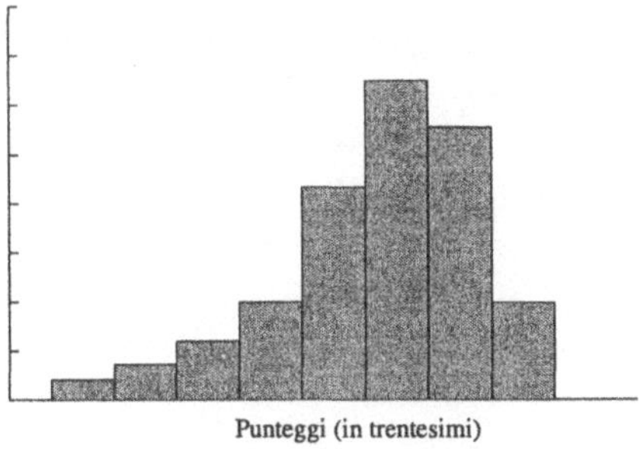

d. Se invece il test è piuttosto difficile, saranno gli studenti bravi ad avere i punteggi più differenziati, avremo quindi una distribuzione simmetrica rispetto alla precedente.

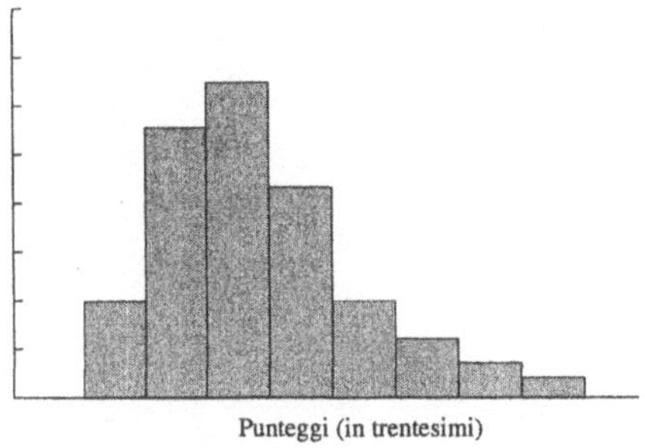

e. Poiché il consumo di carburante non può scendere oltre una certa soglia, però può salire molto a seconda dell'uso che si fa dell'automobile, è ragionevole pensare che la distribuzione abbia una coda verso destra e quindi che abbia una forma simile alla distribuzione dell'esercizio precedente.

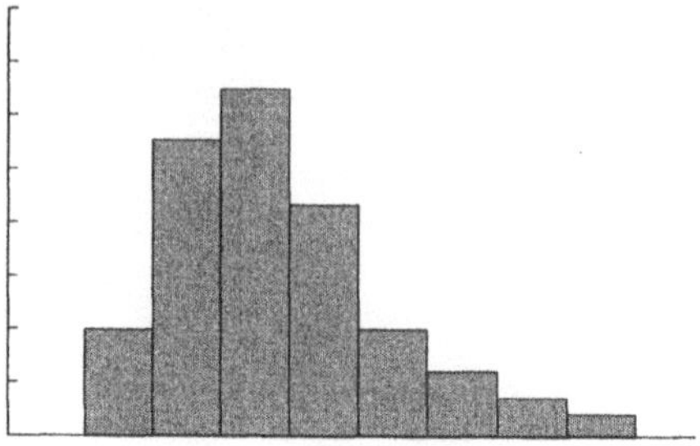

Consumo di carburante

Esercizio 1.12.

a. b. Poiché i dati sono in tutto 345, per ottenere le frequenze relative occorre dividere le frequenze assolute per 345. La frequenza relativa cumulativa è riportata nell'ultima colonna della seguente tabella:

Tempo (in millisecondi)	N° di mess.	Freq. rel.	Freq. (rel.) cum.
$0 < t \leq 5$	152	0.4406	0.4406
$5 < t \leq 10$	84	0.2435	0.6841
$10 < t \leq 15$	56	0.1623	0.8464
$15 < t \leq 20$	31	0.0898	0.9362
$20 < t \leq 25$	14	0.0406	0.9768
$25 < t \leq 30$	6	0.0174	0.9942
$30 < t \leq 35$	2	0.0058	1.0000

Il grafico della funzione di distribuzione cumulativa e l'istogramma sono riportati nella seguente figura:

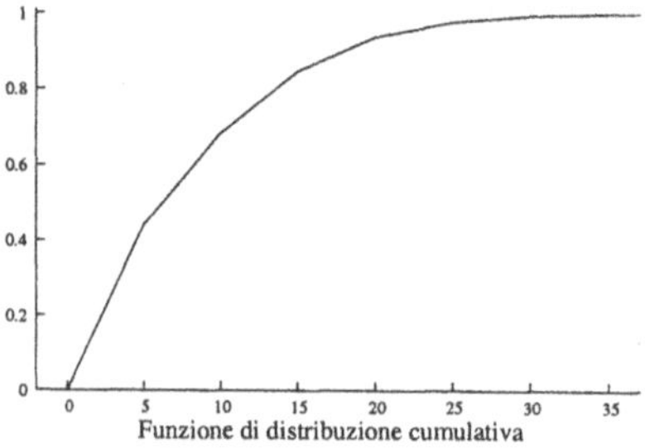

Funzione di distribuzione cumulativa

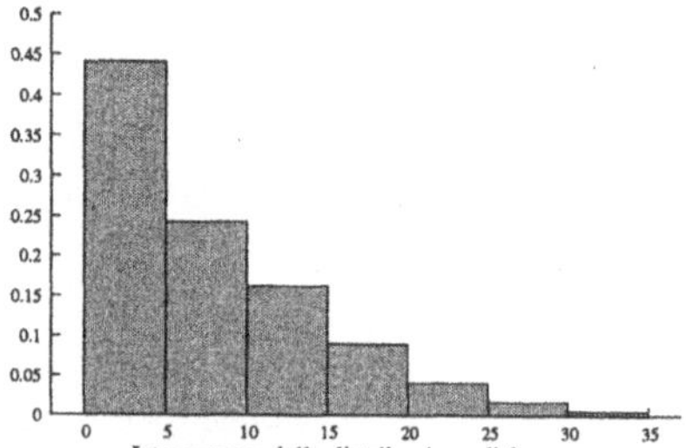

Istogramma della distribuzione di frequenza

c. Per la media si ha

$$\begin{aligned}\bar{x} &= \frac{1}{345}\sum_{i=1}^{7} x_i f_i \\ &= \frac{2.5 \cdot 152 + 7.5 \cdot 84 + 12.5 \cdot 56 + 17.5 \cdot 31 + 22.5 \cdot 14 + 27.5 \cdot 6 + 32.5 \cdot 2}{345} \\ &= \frac{2797.5}{345} = 8.11.\end{aligned}$$

Mentre per la mediana osserviamo che il 173° dato cade nella seconda classe, per cui un valore approssimato della mediana è 7.5.

Esercizio 1.13. Come prima cosa riordiniamo in modo crescente i dati:

lotto n^o	1	2	3	4	5	6	7	8	9	10	11	12	13	14	15
A	0	0	0	0	1	1	1	1	1	2	2	2	3	3	4
B	0	0	1	1	1	1	1	2	2	2	2	2	4	5	5
C	0	1	1	1	1	1	1	2	2	2	3	3	3	3	3

poiché il numero di dati è 15, i quartili sono i dati che si trovano rispettivamente nelle posizioni 4, 8 e 12. Quindi si ha la tabella

	Q_1	Q_2	Q_3
A	0	1	2
B	1	2	2
C	1	2	3

e il seguente *boxplot*:

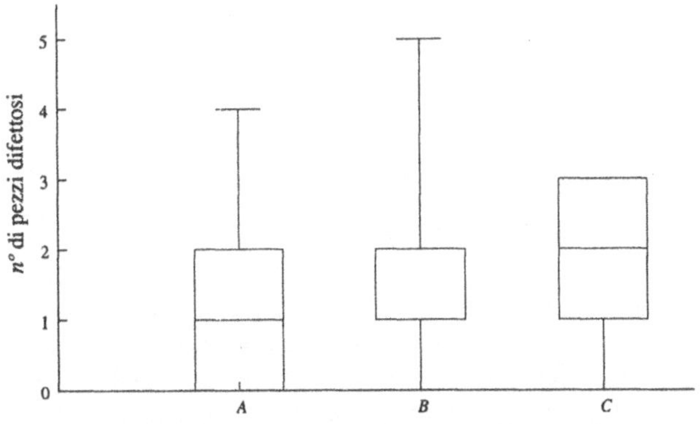

La linea A è sicuramente la migliore, anche se possono capitare lotti con 4 pezzi difettosi. I lotti della linea C non hanno mai presentato un numero di chips difettosi superiore a 3, però la distribuzione del numero di pezzi difettosi è più discosta da zero rispetto alla linea A. La linea C sembra essere la peggiore.

Esercizio 1.14.

a.

```
495* | 25
496* |
497* | 38
498* | 00 99
499* | 03 27 65 99
500* | 12 13 21 23 37 53 65 84
501* | 20 52
502* | 17 53 76
503* | 00 38 60
504* | 31
       (diagramma in unità di 0.001)
```

b. Per costruire la tabella delle frequenze usiamo classi di ampiezza 0.2,[1] l'istogramma della frequenza assoluta è riportato in Figura *a*).

Diametro (in mm)	Freq. ass.	Freq. rel.
$49.4 \leq d < 49.6$	1	0.04
$49.6 \leq d < 49.8$	1	0.04
$49.8 \leq d < 50.0$	6	0.24
$50.0 \leq d < 50.2$	10	0.40
$50.2 \leq d < 50.4$	6	0.24
$50.4 \leq d < 50.6$	1	0.04

c. Usando la formula del paragrafo 1.4 (ricordando che i valori $x_1, \ldots, x_6$ sono i valori medi degli intervalli) si ottiene

$$\bar{x} = \frac{\sum_{i=1}^{6} x_i f_i}{25} = \frac{49.5 \cdot 1 + 49.7 \cdot 1 + 49.9 \cdot 6 + 50.1 \cdot 10 + 50.3 \cdot 6 + 50.5 \cdot 1}{25}$$

$$= \frac{1251.9}{25} = 50.076;$$

$$\sigma^2 = \frac{1}{25} \sum_{i=1}^{6} x_i^2 f_i - \bar{x}^2 = \frac{62691.29}{25} - 50.076^2 = 0.045824;$$

$$\sigma = \sqrt{\sigma^2} = \sqrt{0.045824} = 0.214.$$

d. Poiché i dati sono 25, i tre quartili sono i valori dei dati che stanno rispettivamente nei posti 7, 13 e 19. Tali dati possono essere ricavati facilmente dal diagramma *"stem and leaf"*, si ha quindi $Q_1 = 49.965$, $Q_2 = 50.037$ e $Q_3 = 50.217$. Il 5° e il 95° percentile sono dati dal valore dei dati che si trovano rispettivamente nelle posizioni 2 e 24 e quindi valgono rispettivamente 49.738 e 50.360. Il *boxplot* è riportato nella Figura *b*).

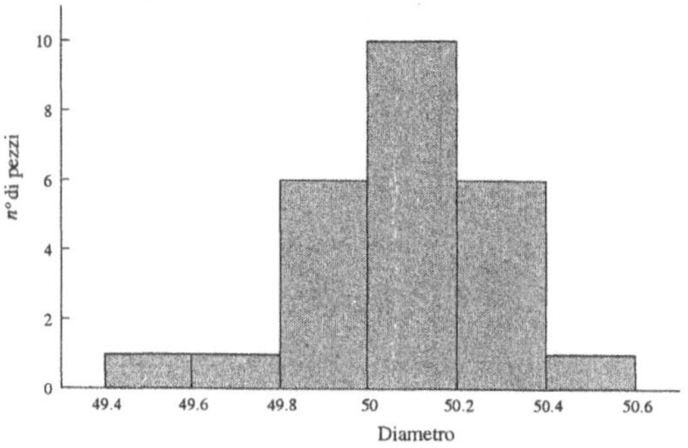

a) Istogramma della frequenza assoluta

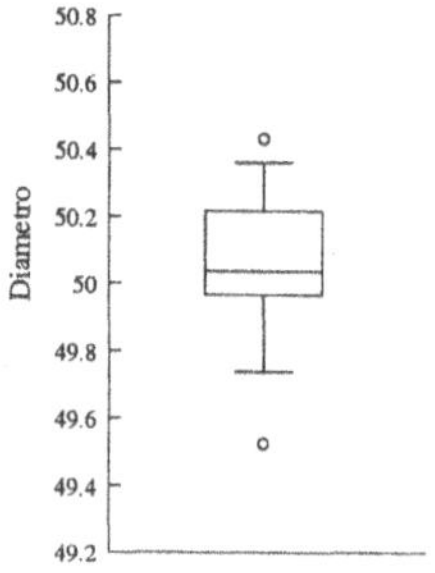

b) Boxplot del diametro dei pezzi

e. È una distribuzione unimodale e abbastanza simmetrica.

[1] Per avere classi costituite dall'unione di due rami del diagramma *stem and leaf*, ci siamo discostati dalla convenzione adottata nel testo e abbiamo incluso nelle classi il loro estremo sinistro invece di quello destro.

1.2 Statistica multivariata

Esercizio 1.15.

a. Nella seguente figura sono rappresentati lo *scatterplot* e la retta di regressione.

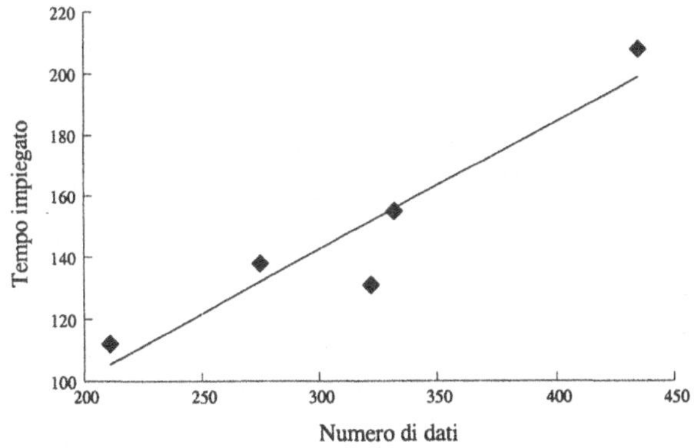

b. Calcoliamo prima le seguenti quantità:

$$\bar{x} = \frac{1}{5}\sum_{i=1}^{5} x_i = 315, \quad \frac{1}{5}\sum_{i=1}^{5} x_i^2 = 104655.8, \quad \frac{1}{5}\sum_{i=1}^{5} y_i x_i = 49140.8,$$

$$\bar{y} = \frac{1}{5}\sum_{i=1}^{5} y_i = 148.8, \quad \frac{1}{5}\sum_{i=1}^{5} y_i^2 = 23207.6,$$

$$\sigma_x^2 = 104655.8 - 315^2 = 5430.8, \qquad \sigma_x = \sqrt{\sigma_x^2} = 73.69,$$

$$\sigma_y^2 = 23207.6 - 148.8^2 = 1066.16, \qquad \sigma_y = \sqrt{\sigma_y^2} = 32.65,$$

$$\sigma_{xy} = 49140.8 - 315 \cdot 148.8 = 2268.8, \quad \rho_{xy} = \frac{2268.8}{73.69 \cdot 32.65} = 0.94298.$$

Il coefficiente di correlazione ρ_{xy} vale quindi 0.94298.

c. Per determinare i coefficienti della retta di regressione $y = ax + b$ usiamo le formule del paragrafo 1.6.2 e i calcoli del punto precedente per trovare:

$$a = \frac{\sigma_{xy}}{\sigma_x^2} = \frac{2268.8}{5430.8} = 0.4178, \quad b = \bar{y} - a \cdot \bar{x} = 148.8 - 0.4178 \cdot 315 = 17.193.$$

d. Inserendo i valori nella retta di regressione si ottiene:

x	200	300	400	500
$y = ax + b$	101	143	184	226

Esercizio 1.16.

a. Nella seguente figura sono rappresentati lo *scatterplot* e la retta di regressione.

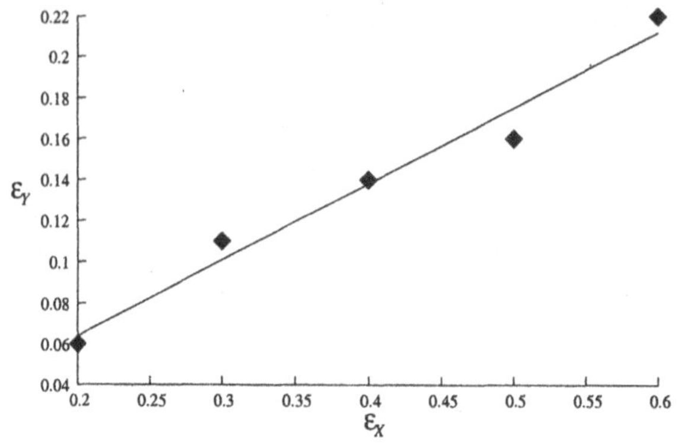

b. Come nell'esercizio precedente calcoliamo le quantità:

$$\bar{x} = \frac{1}{5}\sum_{i=1}^{5} x_i = 0.4, \qquad \frac{1}{5}\sum_{i=1}^{5} x_i^2 = 0.18, \qquad \frac{1}{5}\sum_{i=1}^{5} y_i x_i = 0.0626,$$

$$\bar{y} = \frac{1}{5}\sum_{i=1}^{5} y_i = 0.138, \qquad \frac{1}{5}\sum_{i=1}^{5} y_i^2 = 0.02186,$$

$$\sigma_x^2 = 0.18 - 0.4^2 = 0.02, \qquad \sigma_x = \sqrt{\sigma_x^2} = 0.14142,$$

$$\sigma_y^2 = 0.02186 - 0.138^2 = 0.002816, \qquad \sigma_y = \sqrt{\sigma_y^2} = 0.05307,$$

$$\sigma_{xy} = 0.0626 - 0.4 \cdot 0.138 = 0.0074, \qquad \rho_{xy} = \frac{0.0074}{0.14142 \cdot 0.05307} = 0.98599.$$

Il coefficiente di correlazione ρ_{xy} vale quindi 0.98599.

c. Poiché ρ_{xy} è molto vicino a 1 è ragionevole che sussista una relazione tra le variabili ϵ_X e ϵ_Y.

d. Per determinare i coefficienti della retta di regressione $y = ax + b$ procediamo come nell'esercizio precedente:

$$a = \frac{\sigma_{xy}}{\sigma_x^2} = \frac{0.0074}{0.02} = 0.37, \quad b = \bar{y} - a \cdot \bar{x} = 0.138 - 0.37 \cdot 0.4 = -0.01.$$

e. per $\epsilon_X = 0.35$ si ha $\epsilon_Y = -0.01 + 0.37 \cdot 0.35 = 0.1195$ mentre per $\epsilon_X = 0.8$ si ha $\epsilon_Y = -0.01 + 0.37 \cdot 0.8 = 0.286$. La previsione più affidabile è quella relativa al valore $\epsilon_X = 0.35$ poiché è più vicino ai valori di ϵ_X già osservati.

Esercizio 1.17. Riportiamo su uno *scatterplot* (Figura *a*)) le osservazioni e la retta di regressione (i conti fatti sono analoghi a quelli dei due esercizi precedenti). L'adattamento sembra buono, tuttavia si nota che i punti sono disposti lungo una specie di parabola piuttosto che esattamente lungo la retta. Se tracciamo un grafico dei *residui* (Figura *b*)), questo fatto è ancora più evidente.

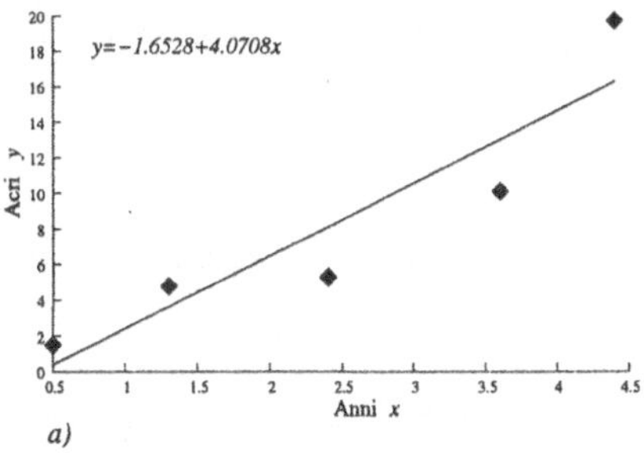

a)

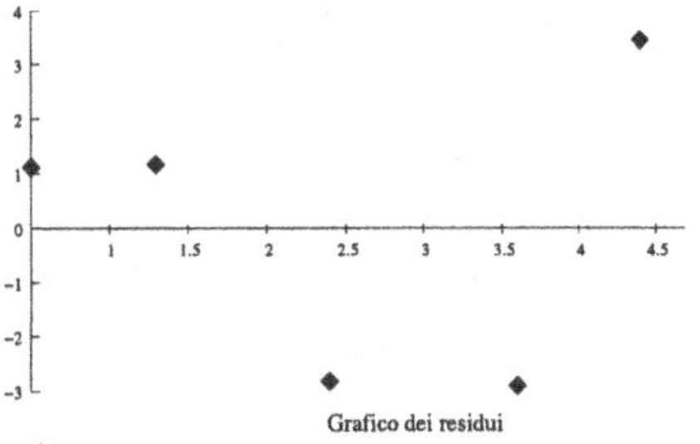

b)

Proviamo ad eseguire una trasformazione di scala di tipo logaritmico su entrambe le variabili, cioè consideriamo i *nuovi dati*:

$\ln x$	0.262364	0.875469	1.481605	-0.693147	1.280934
$\ln y$	1.568616	1.667707	2.980619	0.405465	2.312535

Per questi si ottiene lo *scatterplot* e il grafico dei residui riportati nelle Figure *c*) e *d*).

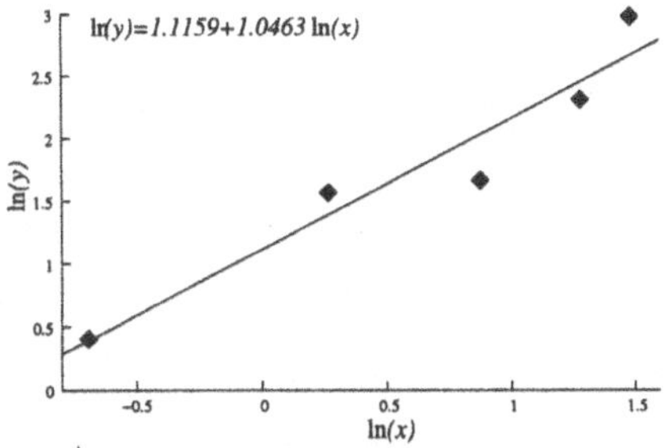

c)

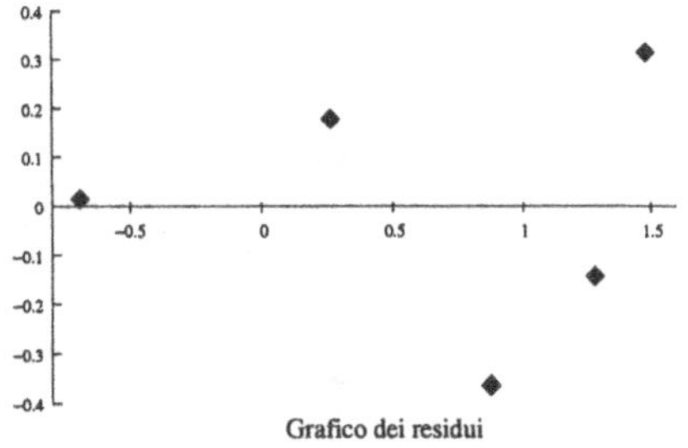

d)

La relazione $\ln y = 1.1159 + 1.0463 \ln x$ si riscrive come $y = 3.0523 \cdot x^{1.0463}$.

Anche in questo caso i punti sembrano attraversare la retta in modo regolare più che casuale. Proviamo quindi ad eseguire un cambiamento di scala diverso, prendendo x e $\ln y$:

x	1.3	2.4	4.4	0.5	3.6
$\ln y$	1.568616	1.667707	2.980619	0.405465	2.312535

Lo *scatterplot* e il grafico dei residui corrispondenti sono riportati nelle Figure *e*) e *f*).

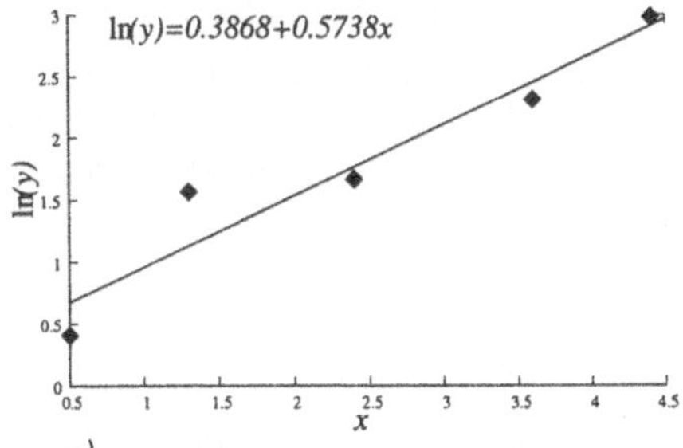

e)

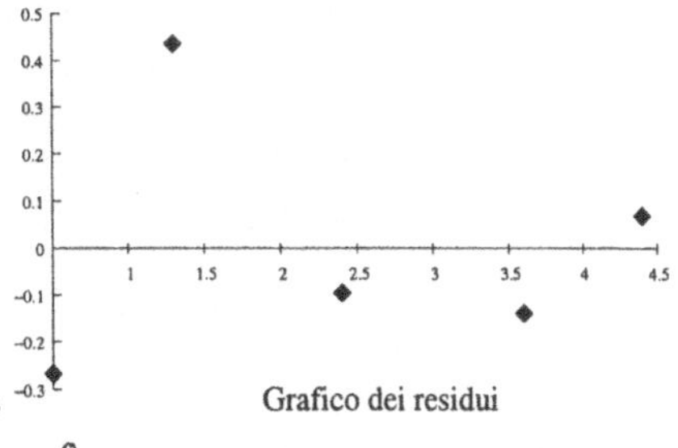

f)

La relazione $\ln y = 0.3868 + 0.5738x$ può essere riscritta come $y = 1.4723 \cdot (1.775)^x$.

Esercizio 1.18.

a. Nella seguente figura sono rappresentati lo *scatterplot* e la retta di regressione.

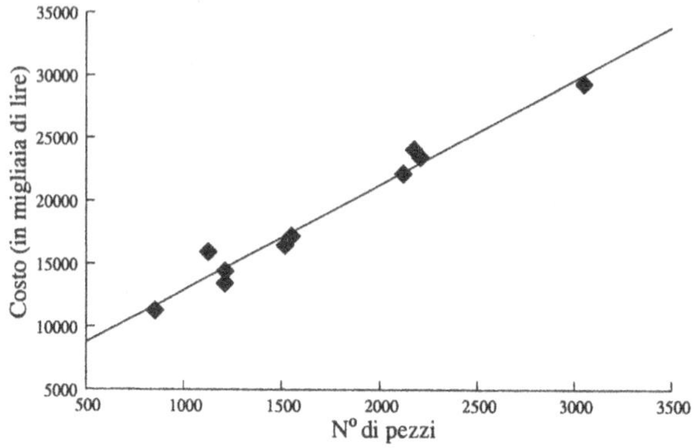

b. Dopo aver calcolato le quantità:

$$\bar{x} = \frac{1}{10}\sum_{i=1}^{10} x_i = 1702.8, \qquad \bar{y} = \frac{1}{10}\sum_{i=1}^{10} y_i = 18806.3,$$

$$\frac{1}{10}\sum_{i=1}^{10} y_i x_i = 35410089.3, \qquad \frac{1}{10}\sum_{i=1}^{10} x_i^2 = 3305108,$$

$$\sigma_x^2 = 405580.16, \qquad \sigma_{xy} = 3386721.66,$$

si ottiene per i coefficienti della retta di regressione $y = ax + b$:

$$\begin{aligned} a &= \frac{\sigma_{xy}}{\sigma_x^2} = \frac{3386721.66}{405580.16} = 8.3503, \\ b &= \bar{y} - a \cdot \bar{x} = 18806.3 - 8.3503 \cdot 1702.8 = 4587.4. \end{aligned}$$

c. Il costo fisso è dato dal coefficiente $b = 4587.4$ della retta di regressione, ed è il costo corrispondente alla produzione di nessun laminato ($x = 0$). Il costo aggiunto per ogni unità prodotta è dato dal coefficiente $a = 8.3503$ della retta di regressione.

d. Il costo totale è dato da $y = 4587.4 + 8.3503 \cdot 2000 = 21288$, mentre il costo medio per ogni unità prodotta è dato da $21288/2000 = 10.644$ (poiché in questo calcolo si tiene conto del costo fisso del processo, il costo medio diminuirà all'aumentare del numero di pezzi prodotti e tenderà al costo aggiunto per ogni unità prodotta che è 8.3503).

Capitolo 2

Probabilità

2.1 Come si opera con la probabilità. La definizione assiomatica

Esercizio 2.1. Lo spazio campionario è $\Omega = \mathbb{N}$. Supponiamo per assurdo che tutti i numeri naturali siano equiprobabili, cioè che esista $p \geq 0$ tale che

$$P(\{k\}) = p, \qquad \forall k \in \mathbb{N}.$$

Allora per l'assioma di numerabile additività deve essere $\sum_{k=1}^{\infty} p = 1$ (poiché $1 = P(\Omega)$ e $P(\Omega) = \sum_{k=1}^{\infty} P(\{k\})$). Ma per definizione di serie si ha che

$$1 = \sum_{k=1}^{\infty} p = \lim_{n \to \infty} \sum_{k=1}^{n} p = \lim_{n \to \infty} np,$$

che vale 0 se $p = 0$ e $+\infty$ se $p > 0$. Da cui l'assurdo.

2.2 Combinatoria

Esercizio 2.2. Con lo schema delle scelte successive, osserviamo che ci sono 8 posti dove far sedere la prima persona, poi 7 posti per la seconda, e così via e dunque in totale si hanno 8! modi. Alternativamente si poteva osservare che i modi di far sedere le persone sono le permutazioni di 8 oggetti (le persone) in 8 posti (le sedie), e $P_8 = 8!$.

Esercizio 2.3. Pensiamo di aver numerato persone e posti da 1 ad 8. In questo esercizio non distinguiamo due modi di sedersi A e B se B si ottiene da A ruotando il tavolo. Ad esempio $B = 12345678$ (cioè ogni persona è seduta sul posto avente il suo numero) e $A = 34567812$ sono lo stesso modo di far sedere le persone attorno al tavolo (rotondo). Quindi un modo di far sedere le persone in questo esercizio corrisponde a 8 modi distinti di farle sedere nell'esercizio precedente. Dunque il numero di modi si ottiene dividendo per 8 il numero di modi ottenuto nell'esercizio precedente: $8!/8 = 7!$.

Esercizio 2.4. In un primo momento consideriamo distinti i modi di sedersi che si ottengono l'uno dall'altro ruotando il tavolo (come nell'esercizio **2.2**).

Numeriamo i 4 uomini e le 4 donne e facciamoli sedere uno alla volta, prima le donne e poi gli uomini (si tratta dunque di uno schema di scelte successive). Per la prima donna ci sono 8 posti liberi. Una volta seduta la prima donna, restano fissate le sedie per le altre tre donne che hanno quindi 3! modi di sedersi (dunque $8 \cdot 6 = 48$ modi di far sedere le donne). Restano gli uomini: sempre con lo schema delle scelte successive essi hanno 4! modi di sedersi. In tutto si hanno quindi $48 \cdot 4! = 1152$ modi.
Ora ci ricordiamo che i modi di sedersi che si ottengono l'uno dall'altro ruotando il tavolo non vanno distinti. Ragionando come nell'esercizio **2.3** basta dividere il risultato precedente per 8, ottenendo $1152/8 = 144$.

Esercizio 2.5. Una combinazione[1] della valigetta è una disposizione con ripetizione di 10 oggetti (le cifre da 0 a 9) in 6 posti. Osserviamo infatti che le cifre si possono ripetere e che l'ordine è importante: ad esempio 000001 è diversa da 100000. La risposta è dunque $D^*_{10,6} = 10^6$. Se invece si utilizzano le lettere A, B, C, D, è come se avessimo a disposizione solo 4 cifre e quindi il numero di combinazioni è $D^*_{4,6} = 4^6 = 4096$.

Esercizio 2.6. Le classifiche sono disposizioni con ripetizione di 8 oggetti (le nazioni) in 5 posti, perciò le classifiche possibili sono $D^*_{8,5} = 8^5 = 32768$.

Esercizio 2.7. Una diagonale si ottiene unendo due vertici non consecutivi, dunque le diagonali sono tante quante sono le coppie non ordinate di vertici non consecutivi. Abbiamo n scelte per il primo vertice della coppia, e ogni vertice ha $(n-3)$ vertici ad esso non adiacenti (bisogna escludere il vertice stesso e i due adiacenti). Perciò si hanno $n(n-3)$ coppie ordinate, per avere il numero di quelle non ordinate basta dividere per 2: $n(n-3)/2$.

Esercizio 2.8. Procediamo come nell'esercizio precedente: abbiamo $2n$ scelte per il primo vertice della coppia, il quale ha $(n-3)$ vertici ad esso non adiacenti (bisogna escludere gli n vertici della sua base e i tre vertici dell'altra base che giacciono sulle stesse facce laterali). Perciò si hanno $2n(n-3)$ coppie ordinate, e quindi $n(n-3)$ non ordinate.

Esercizio 2.9. Poiché le sedie sono più delle persone, si tratta di contare le disposizioni di 4 oggetti (le sedie) in 3 posti (le persone), cioè $D_{4,3} = 4 \cdot 3 \cdot 2 = 24$.

Esercizio 2.10. Si ha, come nell'esercizio precedente, $D_{15,8} = 15 \cdot 14 \cdot 13 \cdots 8 = 259459200$.

Esercizio 2.11. Una "parola" di lunghezza pari ad n è una disposizione con ripetizione di 4 oggetti (i caratteri) in n posti, perciò si hanno 4^n possibili parole. Per avere almeno 20 "parole" diverse, n deve essere tale che $4^n \geq 20$. Poiché $4^2 = 16$ e $4^3 = 64$, la soluzione è $n = 3$.

[1] In questo esercizio il termine *combinazione* viene utilizzato nell'accezione di uso comune e non nel senso del calcolo combinatorio.

Esercizio 2.12.

a. La differenza fra un modo e l'altro di scegliere le strade è solo in quante auto scelgono una strada piuttosto che un'altra. Si hanno x_1 auto che vanno nella prima direzione, x_2 nella seconda e x_3 nella terza, con $x_1 + x_2 + x_3 = 10$. Il numero di soluzioni (x_1, x_2, x_3) di questa equazione (con x_i interi ≥ 0) è $C^*_{3,10} = \binom{12}{10} = \binom{12}{2} = 66$ (si veda la Proposizione 35 del §2.4.2).

b. Poiché le auto si considerano tutte diverse, possiamo pensarle come 10 posti numerati. Si tratta di contare in quanti modi 3 oggetti (le direzioni) possono essere disposti con ripetizione nei 10 posti. Dunque la risposta è $D^*_{3,10} = 3^{10}$.

c. Abbiamo 5 auto di tipo A che consideriamo tutte uguali fra loro. Ripetendo il ragionamento del punto *a.* esse possono scegliere le tre direzioni in $C^*_{3,5} = \binom{7}{5} = 21$ modi. Analogamente ci sono $C^*_{3,3} = \binom{5}{3} = 10$ modi per le B e $C^*_{3,2} = \binom{4}{2} = 6$ modi per le C. Le scelte per le tre cilindrate sono scelte successive, perciò si ha un totale di $21 \cdot 10 \cdot 6 = 1260$ scelte.

2.3 Combinatoria e probabilità classica

Esercizio 2.13. Per formare una squadra si fanno tre scelte successive di sottoinsiemi, quella per il portiere (si sceglie un oggetto fra 2), quella per i difensori (si scelgono 5 oggetti fra 8) e quella per gli attaccanti (5 fra 12). Dunque si hanno $2\binom{8}{5}\binom{12}{5} = 88704$ formazioni possibili. Le formazioni con Franco e Paolo si otterranno scegliendo solo 3 attaccanti fra i restanti 10: $2\binom{8}{5}\binom{10}{3} = 13440$ formazioni possibili. Analogamente si hanno $2\binom{7}{4}\binom{11}{4} = 23100$ formazioni in cui giocano sia Andrea che Paolo. Dunque la probabilità che sia Andrea che Paolo giochino è

$$\frac{23100}{88704} = 0.2604.$$

Esercizio 2.14. Il numero di possibili estrazioni è $\binom{40}{4}$ (i sottoinsiemi di 4 carte scelte fra tutte le 40). Estrarre 1 carta per seme significa scegliere 1 carta fra le 10 del primo seme, 1 fra le 10 del secondo seme e così via, quindi si hanno $\left(\binom{10}{1}\right)^4 = 10^4$ modi. La probabilità richiesta è quindi $10^4/\binom{40}{4} = 0.1094$.

Esercizio 2.15. Supponiamo che i primi due lanci li faccia Carlo e poi ne faccia due Mario. I casi possibili sono $2^4 = 16$ (2 esiti possibili – testa o croce – in ognuno dei 4 lanci). I casi favorevoli a che Mario ottenga più teste di Carlo sono CCCT, CCTC (nessuna testa per Carlo e una per Mario), CTTT, TCTT (una testa per Carlo e due per Mario), e CCTT (nessuna testa per Carlo e due per Mario). Dunque la probabilità richiesta è $5/16 = 0.3125$.

Esercizio 2.16. Il numero di scelte possibili di K articoli fra N è $\binom{N}{K}$. Se c'è un solo pezzo difettoso una scelta di K articoli fra cui esso vi sia equivale a scegliere solo $K-1$ articoli fra gli $N-1$ non difettosi, cioè si hanno $\binom{N-1}{K-1}$ possibilità. La probabilità di individuare il pezzo difettoso è dunque $\binom{N-1}{K-1}/\binom{N}{K}$ che semplificando i vari fattoriali dà K/N. Se invece i pezzi difettosi sono due ci sono $\binom{N-2}{K-2}$ scelte che li individuano entrambi e $2\binom{N-2}{K-1}$ che ne individuano uno solo, perciò la probabilità di individuare entrambi i pezzi difettosi è $\binom{N-2}{K-2}/\binom{N}{K} = K(K-1)/N(N-1)$ e quella di individuarne almeno uno è $(\binom{N-2}{K-2} + 2\binom{N-2}{K-1})/\binom{N}{K} = (K(2N-K-1))/N(N-1)$.

Esercizio 2.17. Le scelte possibili sono le disposizioni con ripetizione di 4 oggetti (i bar) in 3 posti (le persone), dunque in tutto sono $D^*_{4,3} = 4^3 = 64$. Il numero delle scelte in cui tutti e tre scelgono lo stesso bar è 4 (tante quanti sono i bar). Dunque la probabilità che scelgano tutti lo stesso bar è $4/64 = 0.0625$. Il numero di scelte con tre bar differenti è pari a $D_{4,3} = 4 \cdot 3 \cdot 2 = 24$ (disposizioni semplici: un bar già scelto non può essere scelto ancora) e quindi la probabilità associata è pari a $24/64 = 0.3750$.

Esercizio 2.18. Se l'estrazione è simultanea essa rappresenta la scelta di un sottoinsieme di 2 oggetti dall'insieme delle 15 palline, dunque vi sono $\binom{15}{2}$ estrazioni possibili. L'evento che le 2 estratte siano dello stesso colore si realizza se sono entrambe bianche ($\binom{5}{2}$ possibili estrazioni), oppure nere ($\binom{6}{2}$ possibili estrazioni), oppure rosse ($\binom{4}{2}$ possibili estrazioni) e dunque la probabilità richiesta è $[\binom{5}{2} + \binom{6}{2} + \binom{4}{2}]/\binom{15}{2} = 0.2952$. Se invece l'estrazione è fatta con reimmissione si hanno 15^2 possibili estrazioni (15 per la prima pallina e 15 per la seconda) e 5^2 possibili estrazioni di 2 palline bianche, 6^2 possibili estrazioni di 2 nere e 4^2 possibili estrazioni di 2 rosse. La probabilità di estrarre due palline dello stesso colore è $(5^2 + 6^2 + 4^2)/(15)^2 = 77/225 = 0.3422$.

2.4 Esercizi di ricapitolazione sulla probabilità

Esercizio 2.19. Lo spazio campionario Ω è costituito da tutte le 36 coppie con componenti numeri interi fra 1 e 6, cioè $\Omega = \{(\omega_1, \omega_2) : \omega_i \in \{1, 2, \dots, 6\}\}$, dove la prima componente rappresenta il risultato del primo lancio e la seconda componente rappresenta il secondo lancio. Ogni coppia ha la stessa probabilità, cioè $1/36$, perciò

a. $P(\{(4,4)\}) = 1/36 = 0.0278$.

b. $P(\{(3,5),(5,3)\}) = 2/36 = 0.0556$.

c. $P(\{(\omega_1, \omega_2) : \omega_i \in \{2,4,6\}\}) = 9/36 = 0.2500$ (infatti abbiamo 3 possibilità per il primo lancio e 3 per il secondo).

d. $P(\{(\omega_1, \omega_2) : \omega_1 + \omega_2 = 9\}) = P(\{(3,6),(4,5),(5,4),(6,3)\}) = 4/36 = 0.1111$.

e. $P(\{(\omega_1, \omega_2) : \omega_1 = \omega_2\}) = 6/36 = 0.1667$.

Esercizio 2.20. Lo spazio campionario Ω è l'insieme delle 52 carte (ognuna con probabilità $1/52$).

a. Poiché le carte di picche sono 13 e le figure di cuori 3 in totale i casi favorevoli sono 16 e la probabilità richiesta è $16/52 = 0.3077$.

b. Le carte rosse sono 26, restano da contare le figure che non siano rosse, ed esse sono 6 (3 di picche e 3 di fiori). La probabilità richiesta è $32/52 = 0.6154$.

Esercizio 2.21. Le possibili estrazioni sono $\binom{40}{6}$. Di queste ne vogliamo scegliere 3 fra le 12 bianche ($\binom{12}{3}$ modi), 2 fra le 11 rosse ($\binom{11}{2}$ modi), 1 fra le 17 bianche (17 modi), la probabilità è quindi $17 \cdot \binom{12}{3}\binom{11}{2}/\binom{40}{6} = 0.0536$.

Esercizio 2.22. Sia A l'evento "il test risulta positivo" e B l'evento "la persona è malata". I dati sono: $P(A) = 0.06$, $P(B) = 0.05$ e $P(B|A) = 0.8$. Ci viene richiesta $P(A|B)$, che si ottiene utilizzando i dati (e la definizione di probabilità condizionata):

$$P(A|B) = \frac{P(B|A) \cdot P(A)}{P(B)} = \frac{0.8 \cdot 0.06}{0.05} = 0.9600.$$

Esercizio 2.23. Supponiamo per semplificare che ogni anno abbia 365 giorni e che un individuo abbia la stessa probabilità di nascere in ciascun giorno dell'anno o della settimana.

a. Sia A l'evento "sono nate nello stesso giorno dello stesso mese". Ci sono 365^2 casi possibili (365 possibilità per la data di nascita di ciascuno) e A contiene solo 365 di questi casi (365 possibilità per la data uguale per entrambi). Perciò $P(A) = 365/365^2 = 0.0027$.

b. Se consideriamo anziché i giorni dell'anno i giorni della settimana si hanno similmente 49 casi di cui 7 favorevoli e la probabilità richiesta vale $7/49 = 0.1429$.

Esercizio 2.24. Si intende che in ogni posto può sedersi una persona sola, e se i posti sono meno delle persone, qualcuno resterà in piedi.

a. Si tratta di contare le disposizioni di 8 oggetti (le persone) in 5 posti (le sedie): $D_{8,5} = 6720$.
In alternativa si poteva prima scegliere fra le 8 persone i 5 fortunati che si siedono: $\binom{8}{5}$ scelte possibili. Poi contare le permutazioni di queste 5 persone in 5 posti: 5!. In tutto $\binom{8}{5} \cdot 5! = 6720$.

b. Si contano le disposizioni di 8 oggetti (le sedie) quando se ne prendano 5 (una sedia per persona): $D_{8,5} = 8 \cdot 7 \cdot 6 \cdot 5 \cdot 4 = 6720$.

c. Prima scegliamo i 3 posti: abbiamo tanti modi quanti sono (da 0 a 12) i posti che lasciamo liberi all'inizio della fila, dunque 13 modi. Per ognuno di questi modi dobbiamo disporre i 3 amici e per farlo abbiamo 3! modi. In totale si hanno $13 \cdot 3! = 78$ modi.

Esercizio 2.25. Scegliamo uno studente a caso e chiamiamo A l'evento "lo studente ha superato l'esame", B l'evento "lo studente ha fatto il liceo scientifico". I dati sono: $P(\overline{A}) = 0.4$, $P(B) = 0.3$, $P(A \cap B) = 0.25$. Si richiede $P(\overline{A} \cap \overline{B})$. Per le leggi di De Morgan, $\overline{A} \cap \overline{B} = \overline{A \cup B}$ e dunque

$$\begin{aligned} P(\overline{A} \cap \overline{B}) &= 1 - P(A \cup B) = 1 - P(A) - P(B) + P(A \cap B) \\ &= P(\overline{A}) - P(B) + P(A \cap B) = 0.4 - 0.3 + 0.25 = 0.3500. \end{aligned}$$

Esercizio 2.26. Chiamiamo $E = (A \cap \overline{B}) \cup (\overline{A} \cap B)$,

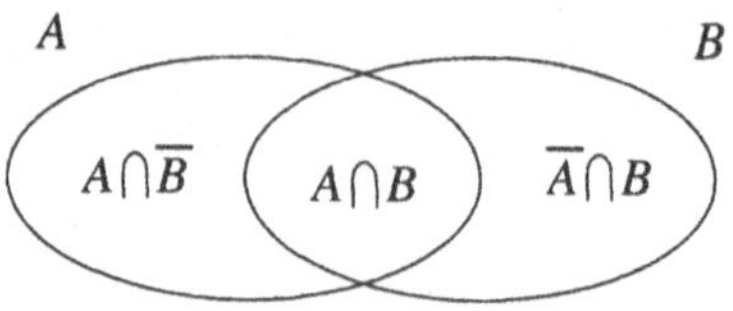

allora è facile osservare che $A \cap \overline{B}$ e $\overline{A} \cap B$ sono disgiunti (si veda la figura) e quindi

$$\begin{aligned} p &= P(A \cap \overline{B}) + P(\overline{A} \cap B) = P(A \cup B) - P(A \cap B) \\ &= P(A) + P(B) - 2P(A \cap B) = P(A) + P(B) - 2P(A)P(B) = 0.5833, \end{aligned}$$

dove nell'ultimo passaggio è stata sfruttata l'ipotesi che A e B sono indipendenti.

Esercizio 2.27. Scegliamo un apparecchio e chiamiamo A l'evento "è difettoso" e B l'evento "supera il test". I dati sono $P(A) = 0.08$, $P(\overline{B}|A) = 0.90$ e $P(\overline{B}|\overline{A}) = 0.01$. Si richiede $P(A|B)$. Usando la formula di Bayes,

$$P(A|B) = \frac{P(B|A)P(A)}{P(B|A)P(A) + P(B|\overline{A})P(\overline{A})},$$

e per applicarla ricaviamo: $P(B|A) = 1 - P(\overline{B}|A) = 0.10$ (poiché $P(\cdot|A)$ è una probabilità) e similmente $P(B|\overline{A}) = 1 - P(\overline{B}|\overline{A}) = 0.99$. Infine $P(\overline{A}) = 1 - P(A) = 0.92$ da cui

$$P(A|B)\frac{0.1 \cdot 0.08}{0.1 \cdot 0.08 + 0.99 \cdot 0.92} = 0.0087.$$

Esercizio 2.28.

a. $P(A \cap B) = 0.4$.

b. $P(B|A) = 0.8$.

c. $P(\overline{B}|\overline{A}) = 0.9$.

d. $P(\overline{A} \cap B) = 0.05$.

e. $P(\overline{A}|\overline{B}) = 9/11$.

f. Ci servono $P(A)$ e $P(B)$. Calcoliamo dai dati $P(\overline{A})$:

$$P(\overline{A}) = P(\overline{A} \cap B) + P(\overline{A} \cap \overline{B}) = 0.05 + P(\overline{B}|\overline{A})P(\overline{A}) = 0.05 + 0.9P(\overline{A}).$$

Si tratta di risolvere l'equazione $P(\overline{A}) = 0.05 + 0.9P(\overline{A})$ che dà $P(\overline{A}) = 0.5$ e quindi $P(A) = 0.5$. Calcoliamo $P(B)$:

$$P(B) = P(\overline{A} \cap B) + P(A \cap B) = 0.05 + 0.4 = 0.4500,$$

per cui $P(A \cup B) = P(A) + P(B) - P(A \cap B) = 0.5 + 0.45 - 0.4 = 0.5500$.

g. $P(\overline{A} \cap \overline{B}) = P(\overline{A}|\overline{B})P(\overline{B}) = \frac{9}{11} \cdot (1 - 0.45) = 0.4500$

h. $P(A \setminus B) = P(A \cap \overline{B}) = P(\overline{B}|A)P(A) = (1 - P(B|A))P(A) = 0.1$.

i. $P(\overline{B}|A) = 1 - P(B|A) = 0.2.$

Esercizio 2.29.

a.

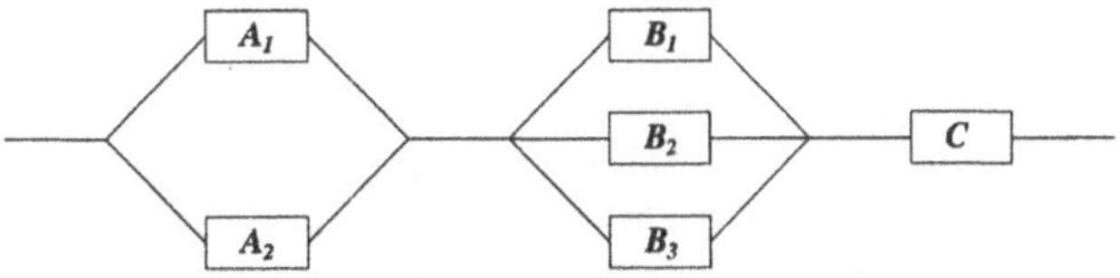

b. Sia p_A l'affidabilità del sottosistema A, p_B l'affidabilità del sottosistema B, p_C l'affidabilità del sottosistema C e p l'affidabilità del sistema complessivo. Utilizzando i risultati sull'affidabilità dei sistemi (si veda il paragrafo 2.7 del testo),

$$p_A = 1 - (1 - 0.98)(1 - 0.97) = 0.9994,$$
$$p_B = 1 - (1 - 0.95)(1 - 0.99)(1 - 0.9) = 0.99995,$$

mentre $p_C = 0.97$. Allora è $p = p_A \cdot p_B \cdot p_C = 0.9694$.

c. Sia S l'evento "il sistema non funziona" e S_C l'evento "il sottosistema C non funziona". Allora $P(S) = 1 - p = 0.03063$, $P(S_C) = 0.03$ e ci viene richiesta $P(S_C|S)$:

$$P(S_C|S) = \frac{P(S_C \cap S)}{P(S)} = \frac{P(S_C)}{P(S)} = 0.9794.$$

Esercizio 2.30.

a. I pezzi difettosi sono 10, i pezzi sono in tutto 50, quindi la probabilità richiesta è $10/50 = 0.2000$.

b. Dei pezzi difettosi, 6 su 10 provengono da B perciò la probabilità richiesta è $6/10 = 0.6000$.

c. La probabilità che un pezzo provenga da A è $2/5$, che un pezzo sia difettoso è $1/5$ e che soddisfi entrambe le condizioni (provenire da A ed essere difettoso) è $4/50 = 2/25$. Poiché è verificata l'uguaglianza $\frac{2}{5} \cdot \frac{1}{5} = \frac{2}{25}$, i due eventi sono indipendenti.

d. Il risultato del punto *c.* si può rileggere dicendo: "sapere che un pezzo è difettoso non altera la probabilità che esso provenga da A oppure no", quindi A non è né meglio né peggio di B.

Esercizio 2.31.

a. C. *b.* D. *c.* B. *d.* B. *e.* E. *f.* B. *g.* D. *h.* A.

Il simbolo al punto *e.* rappresenta una (funzione di) probabilità[2].

[2] In alcuni testi vengono chiamati "eventi elementari" gli eventi (cioè i sottoinsiemi dello spazio campionario) costituiti da un solo elemento. Secondo tale definizione la risposta corretta al punto *a.* sarebbe stata E.

Esercizio 2.32. Siano A_i l'evento "la i–esima telefonata è per Alberto", B_i l'evento "la i–esima telefonata è per Barbara", C_i l'evento "la i–esima telefonata è per Carlo". Allora sappiamo che $P(A_i) = 2/5$, $P(B_i) = 2/5$ e $P(C_i) = 1/5$.

a. L'evento "le prime 3 chiamate sono per la stessa persona" è unione di tre eventi disgiunti: $A_1 \cap A_2 \cap A_3$ (le prime tre chiamate sono per Alberto), $B_1 \cap B_2 \cap B_3$ (le prime tre chiamate sono per Barbara) e $C_1 \cap C_2 \cap C_3$ (le prime tre chiamate sono per Carlo). Inoltre poiché supponiamo che ogni chiamata sia indipendente dalle altre si ha che $P(A_1 \cap A_2 \cap A_3) = (2/5)^3$, $P(B_1 \cap B_2 \cap B_3) = (2/5)^3$, $P(C_1 \cap C_2 \cap C_3) = (1/5)^3$ e la probabilità che le prime 3 telefonate siano per la stessa persona è la somma dei tre numeri, cioè 0.1360.

b. L'evento "le prime 3 chiamate sono per 3 persone diverse" è unione disgiunta di 6 eventi aventi la stessa probabilità. Infatti tale evento si può anche scrivere come "una chiamata è per Alberto, una per Barbara e una per Carlo" e quindi abbiamo l'unione di $A_1 \cap B_2 \cap C_3$, $A_1 \cap C_2 \cap B_3$, $B_1 \cap A_2 \cap C_3$, $B_1 \cap C_2 \cap A_3$, $C_1 \cap A_2 \cap B_3$ e $C_1 \cap B_2 \cap A_3$ (tutti e $6 = 3!$ i riordinamenti delle tre persone) e ciascuno di questi eventi ha probabilità $4/125$. La probabilità richiesta è quindi $6 \cdot 4/125 = 0.1920$.

c. Scelto un momento a caso sia F_A l'evento "Alberto è fuori ufficio", F_B l'evento "Barbara è fuori ufficio" e F_C quello "Carlo è fuori ufficio". Allora l'evento "in quel momento non c'è nessuno in ufficio" è $F_A \cap F_B \cap F_C$. Possiamo ora pensare di definire F_A, F_B e F_C nel momento della prima telefonata, per cui la probabilità richiesta è $P(F_A \cap F_B \cap F_C) = \frac{1}{2} \cdot \frac{1}{4} \cdot \frac{1}{4} = 0.0313$ (abbiamo moltiplicato le tre probabilità data l'ipotesi di indipendenza).

d. L'evento "quando arriva la prima telefonata, l'interessato è in ufficio" è unione disgiunta dei tre eventi: $A_1 \cap \overline{F_A}$, $B_1 \cap \overline{F_B}$, $C_1 \cap \overline{F_C}$. Inoltre possiamo assumere che il fatto che la telefonata sia per una persona e quello che questa sia in ufficio siano indipendenti, perciò ad esempio per Alberto $P(A_1 \cap \overline{F_A}) = \frac{2}{5} \cdot \frac{1}{2}$, e similmente per Barbara e Carlo. Quindi la probabilità richiesta è

$$\frac{2}{5} \cdot \frac{1}{2} + \frac{2}{5} \cdot \frac{3}{4} + \frac{1}{5} \cdot \frac{3}{4} = \frac{13}{20} = 0.6500.$$

Esercizio 2.33. Considerata una persona che lavora alla fabbrica da almeno 5 anni, siano Po l'evento "ha disturbi polmonari" e C l'evento "soffre di cefalea". I dati sono che $P(Po) = 0.07$, $P(C) = 0.12$ e $P(Po \cap C) = 0.03$. Ci viene richiesta $P(\overline{Po} \cap \overline{C})$. Ma dalla formula per la probabilità dell'unione di due eventi si ricava

$$\begin{aligned} P(\overline{Po} \cap \overline{C}) &= P(\overline{Po}) + P(\overline{C}) - P(\overline{Po} \cup \overline{C}) \\ &= 1 - P(Po) + 1 - P(C) - 1 + P(Po \cap C) \\ &= 0.93 + 0.88 - 0.97 = 0.8400. \end{aligned}$$

Esercizio 2.34. *I modo.* Contiamo i casi possibili: abbiamo 10 possibilità per la prima estrazione, 9 per la seconda e 8 per la terza, in totale 720 casi. Contiamo i casi favorevoli: 6 possibilità di pescare una bianca alla prima estrazione, 4 possibilità di pescare una nera alla seconda e infine 3 di pescare una nera alla terza estrazione (poiché una nera è già stata estratta alla seconda estrazione). La probabilità è dunque $\frac{6\cdot 4\cdot 3}{720} = 0.1$.

II modo. Siano A l'evento "la prima pallina estratta è bianca", B l'evento "la seconda pallina estratta è nera", C l'evento "la terza pallina estratta è nera". Si richiede $P(A \cap B \cap C)$ e basta osservare che (dalla definizione di probabilità condizionata)

$$P(A \cap B \cap C) = P(A) \cdot P(B|A) \cdot P(C|A \cap B) = \frac{3}{5} \cdot \frac{4}{9} \cdot \frac{3}{8} = 0.1,$$

infatti $P(A) = 6/10$, $P(B|A) = 4/9$ poiché è la probabilità di estrarre dall'urna una pallina nera sapendo che ne è già stata estratta una bianca (e dunque la composizione dell'urna è 5 bianche e 4 nere), mentre $P(C|A \cap B) = 3/8$ poiché è la probabilità di estrarre dall'urna una pallina nera sapendo che ne sono già state estratte una bianca e una nera (e dunque la composizione dell'urna è 5 bianche e 3 nere).

Esercizio 2.35. I casi possibili sono tanti quante sono le combinazioni semplici di 5 oggetti scelti fra 32 (le carte del mazzo), dunque $C_{32,5} = \binom{32}{5}$. Siano A_i l'evento "avere in mano almeno i assi" e B_i l'evento "avere in mano esattamente i assi", con $i = 0, 1, 2, 3, 4$. La prima richiesta è $P(A_2|A_1)$, che per definizione è

$$P(A_2|A_1) = \frac{P(A_2 \cap A_1)}{P(A_1)} = \frac{P(A_2)}{P(A_1)}.$$

Per calcolare le due probabilità osserviamo che $P(A_1) = 1 - P(B_0)$ e $P(A_2) = 1 - P(B_0) - P(B_1)$. Non ci resta che contare i casi favorevoli per B_0, che sono $\binom{28}{5}$ (5 carte da scegliere fra le 28 che non sono assi), e per B_1, che sono $\binom{4}{1}\binom{28}{4}$ (4 scelte per l'asso e altre 4 carte da scegliere fra le 28 che non sono assi). Dunque

$$P(A_2|A_1) = \frac{1 - \frac{\binom{28}{5}}{\binom{32}{5}} - \frac{4\binom{28}{4}}{\binom{32}{5}}}{1 - \frac{\binom{28}{5}}{\binom{32}{5}}} = \frac{\binom{32}{5} - \binom{28}{5} - 4\binom{28}{4}}{\binom{32}{5} - \binom{28}{5}} = 0.2056.$$

La seconda richiesta è $P(A_2|C)$, dove C è l'evento "avere in mano almeno l'asso di cuori". Osserviamo che $P(A_2|C) = 1 - P(\overline{A_2}|C)$ (la probabilità condizionata ha le stesse proprietà di una probabilità) e la $P(\overline{A_2}|C)$ si ottiene facilmente contando i casi favorevoli e quelli possibili. Infatti se sappiamo che: abbiamo l'asso di cuori in mano e non abbiamo due o più assi, significa che non abbiamo altri assi, e quindi ci sono $\binom{28}{4}$ modi in cui possiamo avere le altre 4 carte che non siano assi, mentre i casi possibili sono $\binom{31}{4}$. Quindi

$$P(A_2|C) = 1 - \frac{\binom{28}{4}}{\binom{31}{4}} = 0.3493.$$

Esercizio 2.36. Utilizzando la definizione classica di probabilità si ottiene che $P(A) = P(B) = P(C) = 1/2$ e $P(D) = 2/3$.

a. Per verificare l'indipendenza dobbiamo calcolare le probabilità delle intersezioni e verificare che coincidano con i prodotti delle probabilità corrispondenti. $P(A \cap B) = 1/4$ perché ci sono 3 casi su 12 che sono rossi e pari. Poichè

1/4 è anche $P(A)P(B)$ abbiamo che A e B sono indipendenti. Similmente anche $P(A \cap C) = 1/4$ (3 numeri pari e minori o uguali a 6) e $P(B \cap C) = 1/4$ (3 numeri rossi e minori o uguali a 6). Per cui A, B e C sono a due a due indipendenti.

b. Per verificare che siano una famiglia indipendente occorre che, oltre ad essere a due a due indipendenti, sia $P(A \cap B \cap C) = P(A)P(B)P(C) = 1/8$. Ma $A \cap B \cap C$ sono i numeri minori o uguali di 6, rossi e pari e solo il 2 ha questa caratteristica perciò $P(A \cap B \cap C) = 1/12 \neq 1/8$ e i tre eventi non sono una famiglia indipendente.

c. Dobbiamo verificare che $P(A \cap D) = P(A)P(D) = 1/3$, che $P(B \cap D) = P(B)P(D) = 1/3$ e che $P(A \cap B \cap D) = P(A)P(B)P(D) = 1/6$. Ciò è verificato perché ci sono 4 numeri pari e minori o uguali di 8 (quindi in $A \cap D$), altrettanti rossi e minori o uguali di 8 (quindi in $B \cap D$), e 2 numeri con tutte e tre le caratteristiche richieste.

Esercizio 2.37.

a. Utilizzando i risultati sull'affidabilità dei sistemi (si veda anche l'esercizio **2.29**), si ha che l'affidabilità del sistema è $p(1-(1-p)^3) = p^2(3-3p+p^2) = 0.8991$.

b. Se è avvenuta la variazione di tensione, la nuova affidabilità di C_1 è pari a 0.2, mentre è lecito supporre che l'affidabilità del sottosistema C_2–C_3–C_4 non sia cambiata. La nuova affidabilità del sistema è dunque $0.2 \cdot (1-0.1^3)$. La probabilità che il sistema si guasti, condizionata all'avvenuta la variazione di tensione, è $1 - 0.2 \cdot (1-0.1^3) = 0.8002$.

c. Se A è l'evento "il sistema si è guastato", la probabilità richiesta è $P(T|A)$. Utilizzando la formula di Bayes e il fatto che se non ci sono variazioni di tensione l'affidabilità del sistema è quella calcolata in *a.*, si ha

$$\begin{aligned} P(T|A) &= \frac{P(A|T)P(T)}{P(A|T)P(T) + P(A|\overline{T})P(\overline{T})} \\ &= \frac{0.8002 \cdot 0.05}{0.8002 \cdot 0.05 + (1-0.8991) \cdot 0.95} = 0.2945. \end{aligned}$$

Esercizio 2.38. Il sottosistema A1–A2 ha affidabilità $1-(1-p)^2$; il sottosistema A1–A2–A3 ha affidabilità $p(1-(1-p)^2)$ e tutto il sistema ha affidabilità $1-(1-p)[1-p(1-(1-p)^2)] = p(1+2p-3p^2+p^3)$.

Esercizio 2.39. Numeriamo le macchine da 1 a 4 e sia la macchina numero 1 quella inaffidabile. Siano A_i gli eventi "il pezzo è prodotto dalla macchina i", con $i = 1, 2, 3, 4$, e D l'evento "il pezzo è difettoso". I dati sono $P(D|A_1) = 1/5$ e $P(D|A_i) = 1/100$ se $i \neq 1$. Inoltre poiché il tecnico sceglie a caso la macchina da cui prende il pezzo, $P(A_i) = 1/4$ per $i = 1, 2, 3, 4$ (supponiamo cioè che scelga con uguale probabilità una delle 4 macchine). Ci viene richiesta $P(A_1|D)$, che possiamo calcolare con la formula di Bayes:

$$P(A_1|D) = \frac{P(D|A_1)P(A_1)}{\sum_{i=1}^{4} P(D|A_i)P(A_i)} = \frac{\frac{1}{5} \cdot \frac{1}{4}}{\frac{1}{4}\left(\frac{1}{5} + \frac{3}{100}\right)} = \frac{20}{23} = 0.8696.$$

Esercizio 2.40. Siano A l'evento "suona l'allarme" e B l'evento "la valigia contiene una bomba". I dati sono $P(A|B) = 0.99$, $P(A|\overline{B}) = 0.05$, $P(B) = 1/5000$.

a. $P(A) = P(A|B)P(B) + P(A|\overline{B})P(\overline{B}) = 0.99 \cdot \frac{1}{5000} + 0.05 \cdot \frac{4999}{5000} = 0.0502$.

b. $P(B|A) = \frac{P(B|A)P(B)}{P(A)} = 0.0039$.

c. La probabilità prima che suoni l'allarme è $P(B) = 1/5000$, dopo è $P(B|A)$, quindi la probabilità aumenta di $P(B|A)/P(B) = 19.5$ volte.

d. Numeriamo da 1 a 100 le valigie. Siano A_i l'evento "l'allarme ha suonato per la valigia i" e B_i l'evento "la valigia i contiene una bomba", con $i = 1, \dots 100$. Sapendo che nessuna valigia ha fatto suonare l'allarme, la probabilità che la valigia i–esima contenga una bomba è $P(B_i|\overline{A}_i) = P(B|\overline{A})$ che indichiamo con p.[3] Ma dalla formula di Bayes

$$p = \frac{P(\overline{A}|B) \cdot P(B)}{P(\overline{A})} = \frac{(1 - P(A|B)) \cdot P(B)}{1 - P(A)} = 0.0000021.$$

Quindi la probabilità che una valigia qualsiasi non contenga una bomba è $1 - p$. Per le ipotesi di indipendenza fatte la probabilità che nessuna valigia contenga una bomba è $(1 - p)^{100} = 0.9998$. Infine la probabilità che almeno una valigia contenga una bomba è $1 - 0.9998 = 0.0002$.

Esercizio 2.41. I casi possibili sono $\binom{40}{10}$ (le scelte simultanee di 10 carte fra 40). Sia S_k l'evento "il giocatore ha esattamente k sette", con $k = 0, 1, 2, 3, 4$.

a. La probabilità che abbia almeno un sette è uguale a $1 - P(S_0)$ e $P(S_0) = \binom{36}{10}/\binom{40}{10}$, da cui la probabilità richiesta è 0.7001.

b. $P(S_2) = \frac{\binom{4}{2}\binom{36}{8}}{\binom{40}{10}} = 0.2142$.

c. $P(S_2|S_1 \cup S_2 \cup S_3 \cup S_4) = P(S_2)/(1 - P(S_0))$ (osserviamo che gli S_k sono una partizione dell'evento certo Ω). Perciò la probabilità richiesta è $\frac{0.2142}{0.7001} = 0.3060$.

d. Sia S_Q l'evento "il giocatore ha il sette di quadri": si richiede la probabilità di $S_2 \cap S_Q$ ovvero la probabilità che abbia il sette di quadri più uno solo degli altri sette. Tale probabilità vale $3\binom{36}{8}/\binom{40}{10} = 0.1071$.

Esercizio 2.42. Per la formula della probabilità dell'unione

$$P((A \cap B) \cup (A \cap \overline{C})) = P(A \cap B) + P(A \cap \overline{C}) - P(A \cap B \cap \overline{C}).$$

Per l'ipotesi di indipendenza abbiamo che $P(A \cap B) = \frac{1}{3} \cdot \frac{1}{4}$, $P(A \cap \overline{C}) = \frac{1}{3} \cdot \frac{2}{3}$ e $P(A \cap B \cap \overline{C}) = \frac{1}{3} \cdot \frac{1}{4} \cdot \frac{2}{3}$, e la probabilità richiesta è $1/4 = 0.25$.

[3] In linea di principio p sarebbe uguale a $P(B_i| \cap_{i=1}^{n} \overline{A_i})$, che coincide con $P(B_i|\overline{A_i})$ per le ipotesi di indipendenza fatte.

Esercizio 2.43.

a. I sottosistemi A_1–A_2–A_3 e A_4–A_5 hanno affidabilità $1-(1-p)^3$ e $1-(1-p)^2$ rispettivamente, dunque il sistema ha affidabilità $(1-(1-p)^3)(1-(1-p)^2) = p^2(2-p)(p^2-3p+3)$.

b. sostituendo $p = 0.8$ nell'espressione precedente si ottiene: 0.9523.

c. L'affidabilità aumenta connettendo elementi in parallelo, mentre diminuisce connettendo in serie, perciò dovremo posizionare il nuovo componente in parallelo con A_1–A_2–A_3, o con A_4–A_5 oppure con l'intero sistema. Nel primo caso l'affidabilità diviene $(1-(1-p)^4)(1-(1-p)^2) = 0.9585$, nel secondo $(1-(1-p)^3)^2 = 0.9841$, mentre nel terzo caso $1-(1-0.952)(1-0.8) = 0.9905$. Conviene dunque aggiungere il nuovo componente nel terzo modo, come indicato in figura.

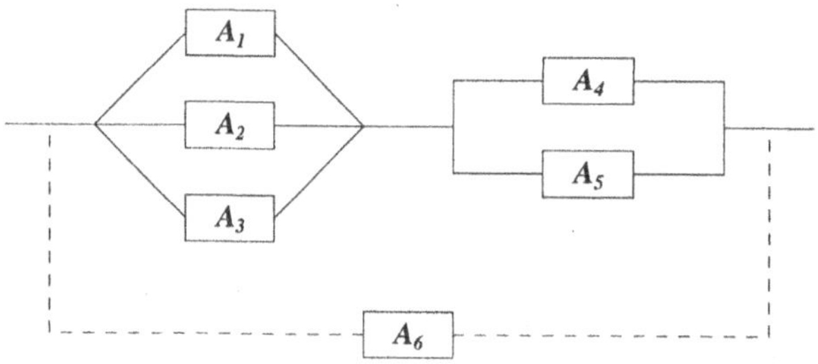

Capitolo 3

Variabili aleatorie e modelli probabilistici

3.1 Il processo di Bernoulli

Esercizio 3.1. Ragioniamo come suggerito dall'esercizio:

1. L'evento $(X = k)$ si verifica se sono state fatte $n + k$ prove in cui l'ultima è un successo, mentre vi sono esattamente $n - 1$ successi nelle prime $n + k - 1$ prove. Quindi in totale n successi e k insuccessi.

2. La probabilità di avere una sequenza di questo tipo, poiché le prove sono indipendenti, è data da $p^n(1 - p)^k$.

3. In queste sequenze l'ultima prova deve essere necessariamente un successo, mentre i primi $n - 1$ successi possono essere ottenuti in modo arbitrario nelle prime $n + k - 1$ prove. Quindi il numero di sequenze di questo tipo è dato dal coefficiente binomiale $C_{n+k-1,n-1} = C_{n+k-1,k}$, si ottiene quindi

$$P(X = k) = \binom{n + k - 1}{k} p^n(1 - p)^k.$$

Esercizio 3.2. Descriviamo il problema come un processo di Bernoulli costituito da 5 prove. Se la confezione è stata riempita meno del dovuto diciamo che si è verificato un "successo", altrimenti diciamo che vi è stato un "insuccesso". La probabilità di "successo" è $p = 0.1$. Quindi la variabile aleatoria X che conta il numero di "successi", cioè il numero di confezioni non completamente riempite, è distribuita come una binomiale di parametri 5 e 0.1, $X \sim B(5, 0.1)$. Si ha perciò:

(*a*) $P(X = 3) = \binom{5}{3} \cdot (0.1)^3 \cdot (0.9)^2 = 0.0081$;

(*b*) $P(X = 2) = \binom{5}{2} \cdot (0.1)^2 \cdot (0.9)^3 = 0.0729$;

(*c*) $P(X = 0) = \binom{5}{0} \cdot (0.1)^0 \cdot (0.9)^5 = 0.5905$;

(*d*) $P(X \geq 1) = 1 - P(X = 0) = 1 - 0.5905 = 0.4095$.

Esercizio 3.3. Se indichiamo con $p(k)$ la densità della binomiale $B(5, 0.15)$, si ha

$$p(k) = \binom{5}{k} \cdot (0.15)^k \cdot (0.85)^{5-k} \text{ per } k = 0, 1, 2, 3, 4, 5.$$

Quindi si ottiene per $x = 0, 1, 2, 3, 4, 5$:

k	0	1	2	3	4	5
$p(k)$	0.4437	0.3915	0.1382	0.0244	0.0021	0.0001

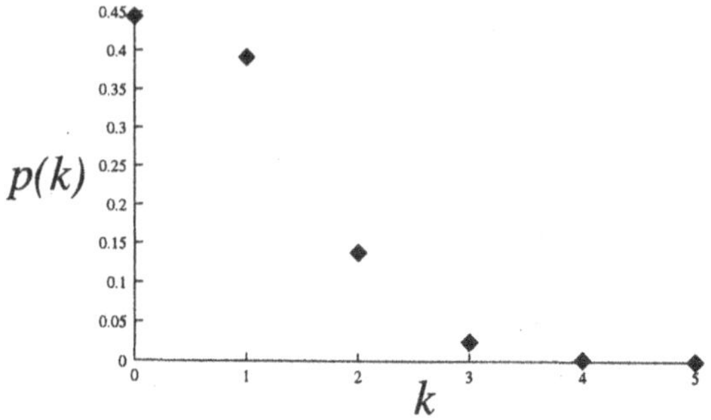

Grafico della densità discreta della Binomiale *B(5,0.15)*

Esercizio 3.4. Assumendo che la produzione di un pezzo non influenzi quella dei pezzi successivi, possiamo descrivere il problema usando un processo di Bernoulli. Il "successo" è costituito dalla produzione di un pezzo difettoso mentre l' "insuccesso" è costituito dalla produzione di un pezzo non difettoso. Sia p la probabilità di successo. Considerando la produzione di 10 pezzi e $p = 0.2$, la variabile aleatoria X che conta il numero di pezzi difettosi ha una distribuzione binomiale $B(10, 0.2)$.

a. $P(X = 4) = \binom{10}{4} \cdot (0.2)^4 \cdot (0.8)^6 = 0.0881$;

b. $\mathrm{E}\,X = 10 \cdot 0.2 = 2$;

c.

$$\begin{aligned} P(X \leq 2) &= P(X = 0) + P(X = 1) + P(X = 2) \\ &= \binom{10}{0} \cdot (0.2)^0 \cdot (0.8)^{10} + \binom{10}{1} \cdot (0.2)^1 \cdot (0.8)^9 \\ &\quad + \binom{10}{2} \cdot (0.2)^2 \cdot (0.8)^8 \\ &= 0.1074 + 0.2684 + 0.3020 = 0.6778; \end{aligned}$$

d. In questo caso $X \sim B(10, p)$ ed occorre trovare p in modo tale che $P(X \leq 1) \geq 0.95$. Perciò deve essere:

$$\binom{10}{0} \cdot p^0 \cdot (1-p)^{10} + \binom{10}{1} \cdot p^1 \cdot (1-p)^9 = (1-p)^{10} + 10p(1-p)^9 \geq 0.95.$$

Per trovare in modo approssimato il massimo numero ammissibile per p, poniamo $f(p) = (1-p)^{10} + 10p(1-p)^9$ e calcoliamo i valori di f per alcuni valori piccoli di p:

p	0.00	0.01	0.02	0.03	0.04	0.05
$f(p)$	1.000	0.996	0.984	0.965	0.942	0.914

e quindi $p \simeq 0.03$.

e. Per questo punto dell'esercizio, consideriamo "successo" la produzione di un pezzo non difettoso, mentre consideriamo "insuccesso" la produzione di un pezzo difettoso. Abbiamo perciò un processo di Bernoulli di parametro $q = 1 - p = 0.8$. La variabile aleatoria Y che conta il numero di pezzi difettosi ("insuccessi") che si ottengono prima di avere 10 pezzi non difettosi ("successi") è distribuita come una binomiale negativa $Y \sim B(-10, 0.8)$, quindi la media è data da $\mathrm{E}Y = 10 \cdot 0.2/0.8 = 2.5$ mentre il numero totale di pezzi medio è dato da $\mathbf{E}(Y + 10) = \mathbf{E}Y + 10 = 12.5$.

Esercizio 3.5. Se consideriamo la produzione di ogni pezzo come una prova che può avere successo o insuccesso, a seconda che il pezzo sia o non sia entro i limiti di tolleranza, allora

a. No, la "probabilità di successo" non sarà la stessa in ogni prova.

b. No, per lo stesso motivo.

c. No, in questo caso le "prove" non sono indipendenti, perché l'esito "insuccesso" in una prova rende più alta la probabilità di "successo" nella prova successiva.

d. No, perché la probabilità di "insuccesso" tende ad aumentare.

Esercizio 3.6. La variabile aleatoria X che conta quante volte compare il numero 12 in 36 lanci ha legge binomiale $B(36, 1/36)$. La probabilità che esca almeno un 12 è quindi data da

$$P(X \geq 1) = 1 - P(X = 0) = 1 - \binom{36}{0} \cdot \left(\frac{35}{36}\right)^{36} = 0.6373.$$

Perché la probabilità di avere almeno un 12 sia almeno 0.5 occorre che il numero di lanci n sia tale da avere

$$P(X \geq 1) = 1 - P(X = 0) = 1 - \binom{n}{0} \cdot \left(\frac{35}{36}\right)^{n} = 1 - \left(\frac{35}{36}\right)^{n} \geq 0.5,$$

da cui, estraendo il logaritmo naturale, si ricava

$$n \ln \frac{35}{36} \leq \ln(1 - 0.5) = \ln 0.5,$$

quindi $n \geq \ln 2/(\ln 36 - \ln 35) = 24.6$, per cui il numero minimo di lanci è 25.

Esercizio 3.7. Descriviamo il problema come un processo di Bernoulli costituito da 20 prove, infatti, se il numero di schede della partita è molto grande, gli stati delle schede del campione possono essere considerati indipendenti fra di loro. Quindi se indichiamo come "successo" lo stato di scheda difettosa, il numero X di pezzi difettosi ha una distribuzione binomiale $B(20,p)$, dove p è la proporzione di pezzi difettosi dell'intera partita. La probabilità di rifiutare una partita è quindi data da $P(X \geq 3) = 1 - P(X < 3) = 1 - P(X = 0) - P(X = 1) - P(X = 2)$. Abbiamo quindi nei tre casi:

(*a*) $X \sim B(20, 0.01)$:

$$\mathrm{E}X = 0.2, \qquad P(X \geq 3) = 1 - 0.81791 - 0.16523 - 0.01586 = 0.0010;$$

(*b*) $X \sim B(20, 0.05)$:

$$\mathrm{E}X = 1, \qquad P(X \geq 3) = 1 - 0.35849 - 0.37735 - 0.18868 = 0.0755;$$

(*c*) $X \sim B(20, 0.1)$:

$$\mathrm{E}X = 2, \qquad P(X \geq 3) = 1 - 0.12158 - 0.27017 - 0.28518 = 0.3231;$$

(*d*) $X \sim B(20, 0.2)$:

$$\mathrm{E}X = 4, \qquad P(X \geq 3) = 1 - 0.01153 - 0.05765 - 0.13691 = 0.7939.$$

Esercizio 3.8. Se supponiamo che gli esiti di tentativi successivi siano indipendenti tra di loro, possiamo descrivere il problema attraverso un processo di Bernoulli, per cui la variabile aleatoria X che conta il numero di tentativi da fare per trovare la linea libera è distribuita con legge geometrica di parametro $p = 0.05$. Si ha quindi che il numero atteso di tentativi è dato da $\mathrm{E}\,X = 1/p = 20$.
La probabilità di trovare la linea libera dopo al più n tentativi è data da

$$\begin{aligned} P(X \leq n) &= \sum_{k=1}^{n} 0.05 \cdot (1 - 0.05)^{k-1} = 0.05 \sum_{k=0}^{n-1} 0.95^k \\ &= 0.05 \frac{1 - 0.95^n}{1 - 0.95} = 1 - 0.95^n. \end{aligned}$$

Perché questa probabilità sia maggiore del 50% occorre avere:

$$1 - 0.95^n > 0.5,$$

da cui si ricava $n > \frac{\ln 0.5}{\ln 0.95} = 13.51$. Quindi occorrono almeno 14 tentativi. Se è valida l'ipotesi iniziale di indipendenza degli esiti dei tentativi, allora non vi è differenza nel fare i tentativi di seguito o a intervalli di tempo.

Esercizio 3.9. Descriviamo una singola partita utilizzando due variabili aleatorie indipendenti X e Y definite nel seguente modo:

$$\begin{aligned} X &= \begin{cases} 1 & \text{se } A \text{ estrae una pallina rossa} \\ 0 & \text{se } A \text{ estrae una pallina bianca} \end{cases}, \\ Y &= \begin{cases} 1 & \text{se } B \text{ estrae una pallina rossa} \\ 0 & \text{se } B \text{ estrae una pallina bianca} \end{cases}. \end{aligned}$$

a.

$$\begin{aligned} p &= P(X=1, Y=0) + P(X=0, Y=1) \\ &= P(X=1)\,P(Y=0) + P(X=0)\,P(Y=1) = \frac{2rb}{(r+b)^2}. \end{aligned}$$

b. Possiamo descrivere il gioco come un processo di Bernoulli illimitato in cui la probabilità di successo (risultati diversi) è data da p. Quindi il numero N di partite da disputare prima che il gioco abbia termine ha legge geometrica di parametro p il cui valore atteso è dato da $1/p = (r+b)^2/(2rb)$.

c. La variabile aleatoria M conta il numero di prove (partite) necessarie per ottenere tre successi (tre conclusioni di giochi), per cui si ha $M = Z + 3$ con $Z \sim B(-3, p)$ e quindi

$$P(M=k) = P(Z=k-3) = \binom{k-1}{k-3} p^3 (1-p)^{k-3}, \quad \text{per } k = 3, 4, \ldots$$

Esercizio 3.10. Consideriamo prima la legge $B(p)$. Si ha che:

$$p_X(0) + p_X(1) = (1-p) + (p) = 1.$$

Invece per la legge $B(n,p)$ si ha, utilizzando la formula del binomio di Newton:

$$\sum_{k=0}^{n} p_X(k) = \sum_{k=0}^{n} \binom{n}{k} p^k (1-p)^{n-k} = (p+1-p)^n = 1.$$

Esercizio 3.11. Si intende che la cella successiva entra in funzione lo stesso giorno in cui viene danneggiata la cella precedente. Possiamo descrivere il problema attraverso un processo di Bernoulli dove consideriamo "successo" la rottura di una cella. Perché il satellite non funzioni più, occorrono tre "successi". Sia X la variabile aleatoria che descrive il numero di giorni in cui il satellite rimane funzionante. La variabile X conta quindi il numero di "insuccessi" che occorrono prima di avere il terzo "successo", per cui la variabile X ha legge binomiale negativa $B(-3, p)$. Con $p = 0.05$, il numero atteso di giorni di vita del satellite è dato da $\mathrm{E}\,X = 3(1-0.05)/0.05 = 57$. Perché il satellite sopravviva almeno 90 giorni, occorre che $X \geq 90$ che equivale a $X + 3 \geq 93$. La variabile $X+3$ conta il numero di prove di Bernoulli che occorrono per avere 3 "successi", quindi $X + 3 \geq 93$ se e solo se il terzo "successo" (collisione) avviene dopo la 92° prova di Bernoulli. Questo avviene se e solo se in 92 prove di Bernoulli si hanno al più 2 "successi". La probabilità richiesta è quindi data da

$$\begin{aligned} P(X \geq 90) &= \binom{92}{0} \cdot 0.05^0 (1-0.05)^{92} + \binom{92}{1} \cdot 0.05^1 (1-0.05)^{91} \\ &\quad + \binom{92}{2} \cdot 0.05^2 (1-0.05)^{90} = 0.1556. \end{aligned}$$

Se si aggiunge una quarta batteria, la legge di X diventa $X \sim B(-4, 0.05)$, quindi il satellite rimane funzionante per 90 giorni se su 93 prove di Bernoulli vi sono al più 3 "successi". Abbiamo quindi

$$\begin{aligned} P(X \geq 90) &= \binom{93}{0} \cdot 0.05^0(1-0.05)^{93} + \binom{93}{1} \cdot 0.05^1(1-0.05)^{92} \\ &+ \binom{93}{2} \cdot 0.05^2(1-0.05)^{91} + \binom{93}{3} \cdot 0.05^3(1-0.05)^{90} = 0.3108. \end{aligned}$$

Infine se con opportune protezioni si riduce p, si ha $X \sim B(-3, 0.03)$ e quindi

$$\begin{aligned} P(X \geq 90) &= \binom{92}{0} \cdot 0.03^0(1-0.03)^{92} + \binom{92}{1} \cdot 0.03^1(1-0.03)^{91} \\ &+ \binom{92}{2} \cdot 0.03^2(1-0.03)^{90} = 0.4763. \end{aligned}$$

Perciò l'ipotesi più conveniente è quest'ultima.

Esercizio 3.12.

a. Il giocatore vince solo se esce consecutivamente $k-1$ volte "X" e "1" nel k–esimo esperimento con $k = 1, 2, \ldots$. La probabilità di una tale sequenza (essendo esperimenti indipendenti) è data da

$$P(\underbrace{X, \ldots, X}_{k-1}, 1) = c^{k-1}a.$$

La probabilità di vincere è data dalla somma delle probabilità di tali sequenze:

$$\sum_{k=1}^{+\infty} c^{k-1}a = \frac{a}{1-c} = \frac{a}{a+b} \qquad (\text{notare che } a+b+c=1)\,.$$

b. In un singolo lancio A ha una probabilità $a = 1/3$ di vincere, poiché lancia per primo. Poiché B gioca dopo A, la probabilità di vincere di B invece è data da

$$P\,(A \text{ non vinca e } B \text{ ottenga un } n^o \text{ pari}) = \frac{2}{3} \cdot \frac{1}{2} = \frac{1}{3} = 0.3333.$$

Per il punto precedente la probabilità di vincere di A in tutto il gioco è data da:

$$p = \frac{1/3}{1/3 + 1/3} = \frac{1}{2} = 0.5,$$

quindi il gioco è equo.

3.2 Covarianza e correlazione

Esercizio 3.13.

a. Chiamiamo Z il punteggio del secondo dado così che $Y = X + Z$. Le variabili X e Z sono indipendenti e identicamente distribuite, perciò si ha:

$$\operatorname{Var} Y = \operatorname{Var} X + \operatorname{Var} Z = 2 \operatorname{Var} X.$$

Per calcolare $\operatorname{Var} X$, ossia la varianza dei punti ottenuti da un singolo lancio, basta calcolare:

$$\mathrm{E}\, X = \frac{1+2+3+4+5+6}{6} = \frac{21}{6}, \quad \mathrm{E}\, X^2 = \frac{1+4+9+16+25+36}{6} = \frac{91}{6}$$

$$\operatorname{Var} X = \mathrm{E}\left(X^2\right) - (\mathrm{E}\, X)^2 = \frac{35}{12}.$$

Perciò

$$\operatorname{Var} Y = 2 \cdot \frac{35}{12} = \frac{35}{6}.$$

b. Sempre utilizzando il fatto che X e Z sono indipendenti, si ha:

$$\operatorname{Cov}(X,Y) = \operatorname{Cov}(X, X+Z) = \operatorname{Cov}(X,X) + \operatorname{Cov}(X,Z) = \operatorname{Var} X = \frac{35}{12}.$$

Esercizio 3.14. Basta utilizzare la definizione di coefficiente di correlazione e le proprietà della varianza e della covarianza:

$$\begin{aligned} \rho_{aX+b,aY+b} &= \frac{\operatorname{Cov}(aX+b, aY+b)}{\sqrt{\operatorname{Var}(aX+b)\operatorname{Var}(aY+b)}} \\ &= \frac{a^2 \operatorname{Cov}(X,Y)}{\sqrt{a^4 \operatorname{Var} X \operatorname{Var} Y}} = \rho_{X,Y}. \end{aligned}$$

3.3 La legge ipergeometrica

Esercizio 3.15. Sia X la variabile aleatoria che descrive il numero di palline bianche estratte. Se l'estrazione è effettuata con reimmissione allora $X \sim B(7, 4/12) = B(7, 1/3)$ e quindi

$$P(X=3) = \binom{7}{3} \cdot \left(\frac{1}{3}\right)^3 \left(\frac{2}{3}\right)^4 = 0.2561.$$

Se invece le estrazioni sono effettuate senza reimmissione, X ha legge ipergeometrica, $X \sim G(12,4,7)$, quindi

$$P(X=3) = \frac{\binom{4}{3}\binom{8}{4}}{\binom{12}{7}} = 0.3535.$$

Esercizio 3.16. Il numero di pezzi difettosi è 50. La probabilità di estrarre un singolo pezzo difettoso è quindi data da $50/500 = 0.1$.

(*a*) La densità discreta del numero di pezzi difettosi estratti $p(x)$ ha legge ipergeometrica $G(500, 50, 5)$:

$$p(k) = \frac{\binom{50}{k}\binom{450}{5-k}}{\binom{500}{5}} \quad \text{con } k = 0,1,2,3,4,5.$$

Quindi:

k	0	1	2	3	4	5
$p(k)$	0.58917	0.33025	0.07240	0.00776	0.00041	0.00001

(*b*) La densità $p(k)$ è approssimata dalla densità $\bar{p}(k)$ della legge binomiale $B(5, 0.1)$:

$$\bar{p}(k) = \binom{5}{k} \cdot (0.1)^k \cdot (0.9)^{5-k} \text{ con } k = 0, 1, 2, 3, 4, 5.$$

Quindi

k	0	1	2	3	4	5
$\bar{p}(k)$	0.59049	0.32805	0.07290	0.00810	0.00045	0.00001

3.4 Esercizi di ricapitolazione sulle variabili aleatorie discrete

Esercizio 3.17.

a. La probabilità che, in un breve intervallo di tempo, passi una automobile al casello è ragionevolmente uniforme nei giorni feriali tra le 10 e le 16. Quindi il numero di automobili che transitano nei giorni feriali in tale fascia oraria può essere rappresentato da un processo di Poisson di intensità $\nu = 240$. L'intervallo di tempo compreso tra le $11:05$ e le $11:06$ è in tale fascia oraria ed è composto da 1 minuto equivalente a $1/60$ di ora. Se X è la variabile aleatoria che descrive il numero di automobili che passano in un minuto compreso in tale fascia oraria si ha che $X \sim P(240/60) = P(4)$. Per cui la probabilità che passino al massimo due automobili è data da

$$P(X \leq 2) = P(X = 0) + P(X = 1) + P(X = 2) = e^{-4}\left[1 + 4 + \frac{4^2}{2}\right] = 0.2381.$$

b. Questa probabilità non può essere calcolata utilizzando i dati di questo esercizio poiché è ragionevole pensare che il traffico serale sia molto diverso da quello pomeridiano e quindi l'intensità del processo di Poisson associato è diversa da 4.

Esercizio 3.18. Poiché le persone che votano in una sezione possono essere pensate come "scelte a caso", cioè fanno scelte indipendenti le une dalle altre e ciascuna vota Pinco Pallino con probabilità 0.35, si ha che X ha legge binomiale: $X \sim B(200, 0.35)$.

a.

$$P(X > 75) = \sum_{k=76}^{200} \binom{200}{k} \cdot (0.35)^k (1 - 0.35)^{200-k} = 0.2067^1.$$

b. Lo spoglio delle schede può essere considerato un processo di Bernoulli. Quindi se Y è il numero di prove che occorrono per avere il primo "successo" (voto per Pinco Pallino), si ha $Y \sim G(0.35)$, per cui

$$P(Y = 4) = 0.35 \cdot (1 - 0.35)^3 = 0.0961.$$

Inoltre, usando la formula per il valore atteso della legge geometrica $\mathrm{E}Y = 1/0.35 = 2.86$.

[1] Il valore numerico è stato ovviamente ottenuto usando un opportuno software statistico

c. Se Z descrive il numero di schede da scrutinare per ottenere 3 volte il nome di Pinco Pallino, si ha $Z = W + 3$ con $W \sim B(-3, 0.35)$. Per cui

$$P(Z = 10) = \binom{10-1}{10-3} \cdot 0.35^3(1-0.35)^{10-3} = 0.0757.$$

d. Una volta che è noto che tra le 200 schede ve ne sono 60 a favore di Pinco Pallino, l'estrazione di un sottoinsieme di 10 schede tra le 200 è una estrazione senza reimmissione, quindi se T è il numero di schede (tra le 10) a favore del candidato, allora T ha legge ipergeometrica: $T \sim G(200, 60, 10)$, quindi

$$P(T = 3) = \frac{\binom{60}{3}\binom{140}{7}}{\binom{200}{10}} = 0.2737.$$

e. Poiché la numerosità della popolazione (200) è 20 volte l'ampiezza del campione estratto (10) è ragionevole approssimare la legge geometrica con la legge binomiale, si ha quindi

$$P(T = 3) \simeq \binom{10}{3} \cdot \left(\frac{60}{200}\right)^3 \left(1 - \frac{60}{200}\right)^7 = 0.2668.$$

Esercizio 3.19. Possiamo descrivere il problema come un processo di Bernoulli, quindi se X è il numero di pezzi difettosi, abbiamo che $X \sim B(400, 0.002)$.

a.

$$\begin{aligned} P(X > 1) &= 1 - P(X = 0) - P(X = 1) \\ &= 1 - 0.998^{400} - 400 \cdot 0.002 \cdot 0.998^{399} = 0.1911. \end{aligned}$$

b. Poiché il numero di pezzi è molto grande e vi è una piccola probabilità che ogni singolo pezzo sia difettoso, è ragionevole approssimare la legge di X con la legge di Poisson $P(400 \cdot 0.002) = P(0.8)$, ottenendo così

$$P(X > 1) = 1 - P(X = 0) - P(X = 1) \quad \simeq \quad 1 - e^{-0.8}(1 + 0.8) = 0.1912.$$

Esercizio 3.20. Sia X_t il processo di Poisson che descrive il numero di terremoti nell'intervallo di tempo t (numero di anni). L'esercizio dice che l'intensità del processo è $\nu = 4$.

a. In questo caso $t = 0.5$ (metà anno), quindi

$$\begin{aligned} P(X_{0.5} \geq 3) &= 1 - P(X_{0.5} = 0) - P(X_{0.5} = 1) - P(X_{0.5} = 2) \\ &= 1 - e^{-2}\left(1 + 2 + \frac{4}{2}\right) = 0.3233. \end{aligned}$$

b. in questo caso invece $t = 1/12$, quindi

$$P(X_{1/12} = 0) = e^{-4\frac{1}{12}} = e^{-\frac{1}{3}} = 0.7165.$$

Esercizio 3.21. Se X_t è il processo di Poisson che descrive il numero di interruzioni che si verificano nel tempo t (in giorni), l'intensità del processo è data da $\nu = 1$ quindi le risposte alle domande sono:

a. $P(X_5 = 0) = e^{-5} = 0.0067.$

b. $P(X_3 = 2) = e^{-3}\frac{3^2}{2!} = 0.2240.$

c. $P(X_4 \geq 1) = 1 - P(X_4 = 0) = 1 - e^{-4} = 0.9817.$

d. $P(X_5 \geq 2) = 1 - P(X_5 = 0) - P(X_5 = 1) = 1 - e^{-5}(1+5) = 0.9596.$

Esercizio 3.22. Poiché il numero di studenti dell'università è molto grande, le risposte degli studenti possono ragionevolmente essere assunte come indipendenti tra loro, quindi possiamo descrivere l'indagine come un processo di Bernoulli. La probabilità di "successo" (risposta "sì" dello studente) è $p = 0.03$.

a. La probabilità che il primo studente intervistato risponda "sì" non è altro che la probabilità di "successo" di un singolo esperimento, cioè $p = 0.03$.

b. La variabile aleatoria Y che conta il numero di esperimenti necessari per ottenere il primo successo ha legge geometrica $Y \sim G(0.03)$, quindi la probabilià di avere il primo "sì" alla quinta prova è:

$$P(Y = 5) = p(1-p)^{5-1} = 0.03(0.97)^4 = 0.0266.$$

c. La variabile aleatoria Z che conta il numero di esperimenti necessari per ottenere i primi 3 successi è tale che $Z - 3$ ha legge binomiale negativa $Z - 3 \sim B(-3, 0.03)$. Quindi si ha

$$P(Z = 15) = \binom{15-1}{15-3} \cdot (0.03)^3(0.97)^{15-3} = 0.0017.$$

d. La variabile aleatoria X che conta il numero di studenti influenzati nella sezione A ha legge binomiale $X \sim B(150, 0.03)$. Per cui si ha $\mathrm{E}X = 150 \cdot 0.03 = 4.5$.

e. Poiché il valore atteso è 4.5, la probabilità richiesta è data da

$$P(X \leq 4.5) = \sum_{k=0}^{4} P(X = k) = \sum_{k=0}^{4} \binom{150}{k} \cdot (0.03)^k(0.97)^{150-k} = 0.5307.$$

f. Sapendo già che nella sezione A vi sono 5 studenti che sono stati influenzati, la scelta di 50 studenti (senza rimpiazzo) non può più essere descritta con un processo di Bernoulli. Per descrivere il numero W degli studenti influenzati tra i 50 estratti, occorre usare la legge ipergeometrica $W \sim G(150, 5, 50)$. La probabilità richiesta è data da

$$P(W = 2) = \frac{\binom{5}{2}\binom{145}{48}}{\binom{150}{50}} = 0.3348.$$

Notiamo che la numerosità della popolazione 150 è ben al di sotto del prodotto di 10 con l'ampiezza del campione estratto: $10 \cdot 50 = 500$ quindi l'approssimazione binomiale della legge ipergeometrica non è in questo caso giustificata. A titolo di verifica, approssimando la legge di W con $B(50, 5/150)$ troveremmo:

$$P(W = 2) \simeq \binom{50}{2} \cdot \left(\frac{5}{150}\right)^2 \left(1 - \frac{5}{150}\right)^{48} = 0.2674.$$

Esercizio 3.23.

a. Per ottenere il numero medio di auto all'ora basta dividere il numero totale delle auto per il numero di ore in cui sono state osservate.

	h. 8-9	h. 8-9	h. 14-15	h. 10-12
	giorno feriale	domenica	giorno feriale	sabato
n° di auto/ora	150	40	50	100

b. Sia X_t il processo di Poisson che descrive il numero di auto che passano nell'intervallo di tempo t (in ore). L'intensità ν del processo è rispettivamente nelle 4 situazioni 150, 40, 50, 100. Un intervallo di tre minuti corrisponde a $3/60 = 1/20 = 0.05$ ore. La seguente tabella fornisce le risposte all'esercizio.

	h. 8-9	h. 8-9	h. 14-15	h. 10-12
	g. feriale	domenica	g. feriale	sabato
ν	150	40	50	100
$\mathrm{E}\,X_t = \nu t$	7.5	2	2.5	5
$P(X_t = 5) = e^{-\nu t}\frac{(\nu t)^5}{5!}$	0.1094	0.0361	0.0668	0.1755

Esercizio 3.24. Le frequenze dei numeri di guasti settimanali sono descritte dalla seguente tabella

n° guasti settimanali	0	1	2	3	4	5	6	7	8
frequenza	0	0	5	2	4	2	1	0	1

a. Si ottiene quindi il seguente istogramma.

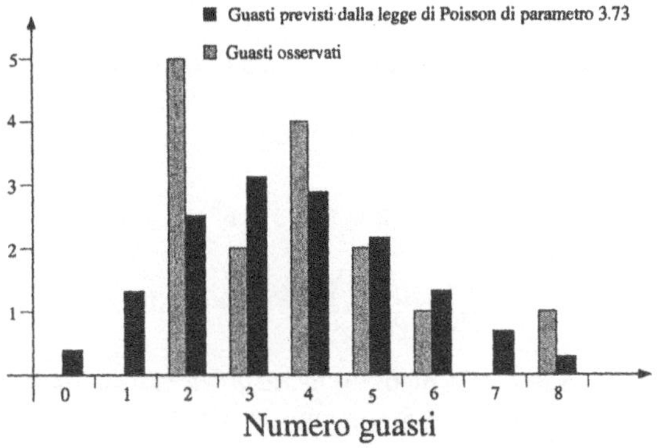

b. Usiamo le seguenti formule per calcolare media e varianza campionaria:

$$\bar{x} = \frac{1}{n}\sum_{i=1}^{n} x_i f_i, \qquad \sigma^2 = \frac{1}{n}\sum_{i=1}^{n} x_i^2 f_i - (\bar{x})^2,$$

dove f_i è la frequenza con cui si è verificato il numero x_i di guasti settimanali. Si ottiene quindi

$$\begin{aligned}\bar{x} &= \frac{1}{15}[2\cdot 5 + 3\cdot 2 + 4\cdot 4 + 5\cdot 2 + 6 + 8] = \frac{56}{15} = 3.73,\\ \overline{x^2} &= \frac{1}{15}[4\cdot 5 + 9\cdot 2 + 16\cdot 4 + 25\cdot 2 + 36 + 48] = \frac{84}{5},\\ \sigma^2 &= \frac{84}{5} - \left(\frac{56}{15}\right)^2 = \frac{644}{225} = 2.86.\end{aligned}$$

c. Poiché la media e la varianza campionaria sono risultate abbastanza simili, può essere plausibile che il fenomeno sia descritto da una legge di Poisson. Anche l'istogramma non è troppo dissimile dal grafico della densità discreta di una legge di Poisson. Poiché la media di una legge di Poisson è uguale al parametro della legge, utilizziamo la media campionaria come stima del parametro, cioè $\lambda = 3.73$.

d. La tabella delle frequenze è data da

n^o guasti settimanali	0	1	2	3	4	5	6	7	8
frequenza	0	0	0	0	3	3	5	2	2

L'istogramma corrispondente è riportato nella seguente figura,

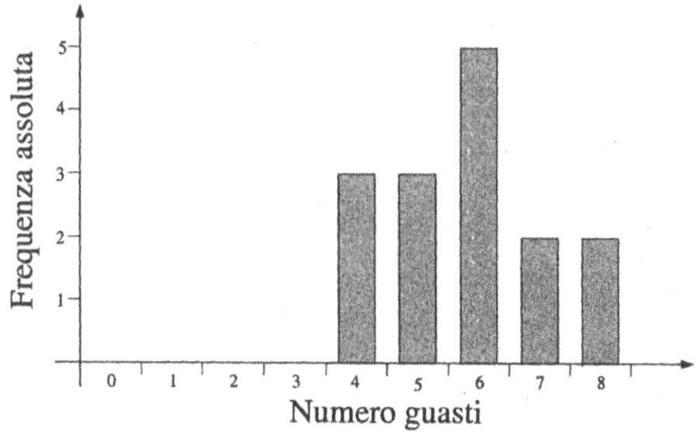

mentre la media e la varianza campionarie sono date da

$$\begin{aligned}
\bar{x} &= \frac{1}{15}[4\cdot 3 + 5\cdot 3 + 6\cdot 5 + 8\cdot 2] = \frac{29}{5} = 5.8,\\
\overline{x^2} &= \frac{1}{15}\left[4^2\cdot 3 + 5^2\cdot 3 + 6^2\cdot 5 + 8^2\cdot 2\right] = \frac{529}{15},\\
\sigma^2 &= \frac{529}{15} - \left(\frac{29}{5}\right)^2 = \frac{122}{75} = 1.63.
\end{aligned}$$

In questo caso essendo la media e la varianza campionarie molto diverse tra loro, non è plausibile che il fenomeno sia descritto da una legge di Poisson.

3.5 Le variabili aleatorie continue

Esercizio 3.25. La densità continua di una variabile aleatoria X uniformemente distribuita sull'intervallo (a, b) è data da $f_X(t) = \frac{1}{b-a} I_{(a,b)}(t)$, quindi il valore atteso è dato da

$$\mathrm{E}\,X = \int_a^b \frac{t}{b-a}\,dt = \frac{b^2-a^2}{2(b-a)} = \frac{b+a}{2}.$$

Per calcolare la varianza, calcoliamo prima

$$\mathrm{E}(X^2) = \int_a^b \frac{t^2}{b-a}\,dt = \frac{b^3-a^3}{3(b-a)} = \frac{b^2+ab+a^2}{3},$$

poi usiamo la formula

$$\operatorname{Var} X = \mathrm{E}(X^2) - (\mathrm{E}\,X)^2 = \frac{b^2 + ab + a^2}{3} - \frac{a^2 + 2ab + b^2}{4} = \frac{(b-a)^2}{12}.$$

Esercizio 3.26. Sia X una variabile aleatoria avente legge di Cauchy e $f_X(t)$ la sua densità. Perché X abbia valore atteso finito, occorre che la funzione $t f_X(t)$ sia integrabile (in senso generalizzato) su $\mathbb{R}$ e quindi che esistano finiti i due limiti

$$\lim_{M \to +\infty} \int_{-M}^{0} \frac{t}{\pi(1+t^2)}\, dt, \qquad \lim_{M \to +\infty} \int_{0}^{M} \frac{t}{\pi(1+t^2)}\, dt.$$

Calcoliamo ad esempio il secondo limite:

$$\lim_{M \to +\infty} \int_{0}^{M} \frac{t}{\pi(1+t^2)}\, dt = \lim_{M \to +\infty} \left[\frac{\ln(1+t^2)}{2\pi}\right]_0^M = \lim_{M \to +\infty} \frac{\ln(1+M^2)}{2\pi} = +\infty$$

per cui X non ha valore atteso finito.

Esercizio 3.27. Applicando due volte la formula di integrazione per parti si ottiene:

a.

$$\mathrm{E}\,X = \int_{-\infty}^{+\infty} t f_X(t)\, dt = \int_{0}^{+\infty} t^2 e^{-t}\, dt = \left[-e^{-t}\left(t^2 + 2t + 2\right)\right]_0^{+\infty} = 2.$$

b.

$$F_X(x) = \int_{-\infty}^{x} f_X(t)\, dt = \begin{cases} \int_0^x t e^{-t}\, dt & \text{per } x > 0 \\ 0 & \text{per } x \le 0. \end{cases}$$

Quindi:

$$F_X(x) = I_{(0,+\infty)}(x) \int_0^x t e^{-t}\, dt = \left[1 - e^{-x}(x+1)\right] I_{(0,+\infty)}(x).$$

c. Nella seguente figura sono rappresentati i grafici di $f_X(t)$ e $F_X(t)$ per $t > 0$. Per $t \le 0$ entrambe le funzioni sono nulle.

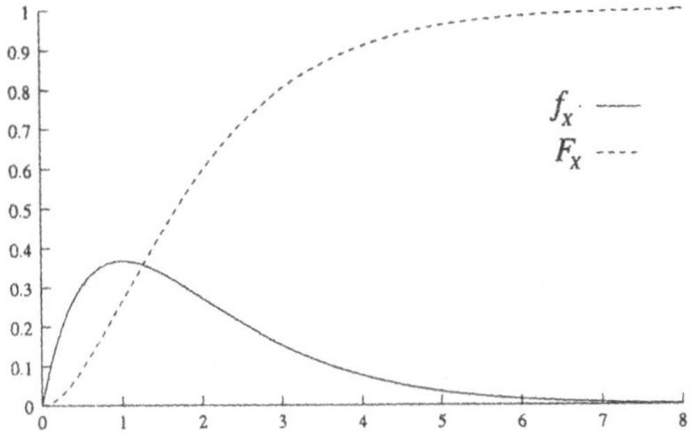

Esercizio 3.28. La densità continua di probabilità è data dalla derivata della funzione di ripartizione:

$$f_X(t) = \frac{d}{dt} F_X(t) = \frac{2}{(1+t)^3} I_{(0,+\infty)(t)}$$

quindi il valore atteso è dato da

$$\begin{aligned} \mathrm{E}\, X &= \int_0^{+\infty} \frac{2t}{(1+t)^3}\, dt = 2\int_0^{+\infty} \left[\frac{1}{(1+t)^2} - \frac{1}{(1+t)^3} \right] dt \\ &= 2\left[-\frac{1}{1+t} + \frac{1}{2(1+t)^2} \right]_0^{+\infty} = 1. \end{aligned}$$

Esercizio 3.29.

a.

$$\int_{\mathbb{R}} f_X(t)\, dt = c\int_0^1 t(1-t)^2\, dt = c\int_0^1 \left[t^3 - 2t^2 + t\right]\, dt = \frac{c}{12},$$

quindi deve essere $c = 12$.

b.

$$\mathrm{E}\, X = \int_{\mathbb{R}} t f_X(t)\, dt = 12\int_0^1 t^2(1-t)^2\, dt = 12\int_0^1 \left[t^4 - 2t^3 + t^2\right]\, dt = \frac{2}{5}.$$

c. Per $t \leq 0$ si ha chiaramente $F_X(t) = 0$ mentre per $t \geq 1$ si ha $F_X(t) = 1$. Per $0 < t < 1$ occorre calcolare l'integrale

$$F_X(t) = \int_{-\infty}^{t} f_X(s)\, ds = 12\int_0^t \left[s^3 - 2s^2 + s\right] ds = 3t^4 - 8t^3 + 6t^2.$$

In definitiva:

$$F_X(t) = \begin{cases} 0 & \text{per } t \leq 0 \\ 3t^4 - 8t^3 + 6t^2 & \text{per } 0 < t < 1 \\ 1 & \text{per } t \geq 1. \end{cases}$$

3.6 Il processo di Poisson

Esercizio 3.30.

a. Occorre ipotizzare che vi sia un numero molto grande di taxi e che ognuno abbia la stessa (piccola) probabilità di capitare alla stazione centrale, indipendentemente dagli altri taxi.

b. Il numero di taxi che arrivano in mezz'ora è descritto da una variabile Z di Poisson di parametro $\lambda = N/2 = 10$. Quindi la probabilità richiesta è data da

$$P(Z \leq 5) = e^{-10} \sum_{k=0}^{5} \frac{10^k}{k!} = 0.0671.$$

c. Poiché Y misura l'istante di primo arrivo in un processo di Poisson, ha una distribuzione esponenziale di parametro $\nu = 20$. La probabilità che il primo taxi arrivi in meno di un minuto (1/60 di ora) è data da

$$P\left(Y \leq \frac{1}{60}\right) = \int_0^{1/60} 20e^{-20t}\,dt = 1 - e^{-20/60} = 0.2835.$$

d. Dovrò aspettare 5 taxi. La variabile aleatoria W che misura l'istante del quinto arrivo ha legge gamma $W \sim \Gamma(5, 20)$, quindi in media dovrò aspettare un tempo uguale a $\mathrm{E}\,W = 5/20 = 0.25$ ore, cioè 15 minuti.

e. Usando la formula per la funzione di ripartizione della legge gamma (vedi §3.10.1), si ottiene:

$$P(W > 0.5) = e^{-20\cdot 0.5} \sum_{k=0}^{4} \frac{(20\cdot 0.5)^k}{k!} = 0.0293.$$

Esercizio 3.31. Sia X_t il processo di Poisson che descrive il numero di impulsi prodotti nel tempo t (in secondi).

a. Poiché $X_{1000} \sim P(1000N)$, la probabilità richiesta è data da

$$P(X_{1000} \geq 2500) = 1 - P(X_{1000} \leq 2499) = 1 - e^{1000N} \sum_{k=0}^{2499} \frac{(1000N)^k}{k!}.$$

b. La variabile aleatoria Y che descrive il tempo di arrivo del primo impulso ha legge esponenziale $Y \sim Esp(N)$, quindi la probabilità richiesta è data da

$$P(Y \geq 2) = \int_2^{+\infty} Ne^{-Nt}\,dt = e^{-2N}.$$

c. La variabile aleatoria Z che descrive il tempo di arrivo del K–esimo impulso ha legge gamma $Z \sim \Gamma(K, N)$, quindi la probabilità richiesta è data da

$$P(Z \geq 3) = 1 - F_Z(3) = e^{-3N} \sum_{k=0}^{K-1} \frac{(3N)^k}{k!}.$$

Esercizio 3.32. La probabilià che un singolo meteorite giunto nell'atmosfera colpisca una zona abitata è data dal numero molto piccolo pq. Mentre il numero di meteoriti che potenzialmente in un anno potrebbero colpire una zona abitata è grande. Assumendo anche che i destini di meteoriti diversi siano indipendenti, il numero di meteoriti che colpiscono zone abitate in un anno segue una legge di Poisson di parametro Λpq.

a. Se supponiamo che i meteoriti colpiscano la terra in modo più o meno uniforme durante l'anno, allora il numero di meteoriti X_t che colpiscono zone abitate durante un tempo t (in mesi) è un processo di Poisson di intensità $\Lambda pq/12$. Per ottenere la probabilità richiesta occorre calcolare

$$\begin{aligned} P(X_1 \geq 2) &= 1 - P(X_1 = 0) - P(X_1 = 1) = 1 - e^{-\Lambda pq/12}\left[1 + \frac{\Lambda pq}{12}\right] \\ &= 1 - e^{-0.0025}\left[1 + 0.0025\right] = 0.31 \times 10^{-5}. \end{aligned}$$

b. La variabile Y descrive il tempo che occorre aspettare per avere 3 arrivi in un processo di Poisson, quindi ha legge gamma $Y \sim \Gamma(3, 0.0025)$. Perciò si ricava

$$P(Y \leq 2) = 1 - e^{-0.0025 \cdot 2} \sum_{k=0}^{3-1} \frac{(0.0025 \cdot 2)^k}{k!} = 0.21 \times 10^{-7}.$$

c. Se vi sono periodi in cui un numero maggiore di meteoriti colpisce la terra, allora non è più valida l'ipotesi di distribuzione uniforme durante l'anno. Per rispondere in modo corretto ai punti *a.* e *b.* occorrerebbe conoscere il numero medio di meteoriti che colpiscono la terra nel mese specificato.

Esercizio 3.33. Il numero di guasti che si succedono nel tempo è rappresentato da un processo di Poisson X_t di intensità $\nu = 1/100$ (guasti per ora).

a. Il generatore si guasta durante un intervallo di 10 ore se $X_{10} > 0$ quindi la probabilità richiesta è data da

$$P(X_{10} > 0) = 1 - P(X_{10} = 0) = 1 - e^{-10\frac{1}{100}} = 1 - e^{-0.1} = 0.0952.$$

b. Sia Y_t il processo di Poisson associato alla rottura del secondo generatore. Il sistema si blocca se avvengono contemporaneamente i 2 eventi indipendenti $X_{10} > 0$ e $Y_{10} > 0$, per cui la probabilità richiesta è data da

$$P(X_{10} > 0, Y_{10} > 0) = P(X_{10} > 0) P(Y_{10} > 0) = \left(1 - e^{-0.1}\right)^2 = 0.0091.$$

Esercizio 3.34. Per una variabile esponenziale di parametro λ si ha che $\mu = \sigma = \frac{1}{\lambda}$, quindi occorre calcolare

$$P(|X - \mu| < k\sigma) = P(\mu - k\sigma < X < \mu + k\sigma) = P\left(\frac{1-k}{\lambda} < X < \frac{1+k}{\lambda}\right).$$

Poiché X assume solo valori positivi, per $k = 1, 2, 3$ si ha

$$\begin{aligned} P(|X - \mu| < k\sigma) &= P\left(X < \frac{1+k}{\lambda}\right) = F_X\left(\frac{1+k}{\lambda}\right) = 1 - e^{-\lambda\frac{1+k}{\lambda}} \\ &= 1 - e^{-(1+k)}, \end{aligned}$$

da cui si ricava

$$P(|X - \mu| < k\sigma) = \begin{cases} 1 - e^{-2} = 0.8647 & \text{per } k = 1 \\ 1 - e^{-3} = 0.9502 & \text{per } k = 2 \\ 1 - e^{-4} = 0.9817 & \text{per } k = 3. \end{cases}$$

Utilizzando invece la stima di Cebicev si ottiene

$$P(|X - \mu| < k\sigma) \geq 1 - \frac{1}{k^2} = \begin{cases} 0.0000 & \text{per } k = 1 \\ 0.7500 & \text{per } k = 2 \\ 0.8889 & \text{per } k = 3. \end{cases}$$

Osserviamo che il valore vero della probabilità è grossolanamente maggiore del valore fornito da questa stima dal basso.

Esercizio 3.35.

a. Sia T_i, con $i = 1, \dots, 14$, la variabile che descrive l'intervallo fra l'i–esimo guasto e l'$(i+1)$–esimo. Così $T_1, \dots, T_{14}$ risulta essere un campione estratto da una popolazione di legge esponenziale $Esp(\lambda)$. In base ai dati dell'esercizio si ottengono i seguenti valori osservati

ora del guasto	7	8	23	24	25	27	44	49
tempo tra 2 guasti		1	15	1	1	2	17	5
ora del guasto	52	58	82	92	123	125	134	
tempo tra 2 guasti	3	6	24	10	31	2	9	

Usando lo stimatore non distorto (vedi §3.10.1)

$$U = \frac{14-1}{\sum_{i=1}^{14} T_i}$$

si ottiene la stima per il parametro λ:

$$\widehat{\lambda} = \frac{13}{127} = 0.1024.$$

b. Istogramma relativo alle osservazioni della variabile T = tempo fra due guasti:

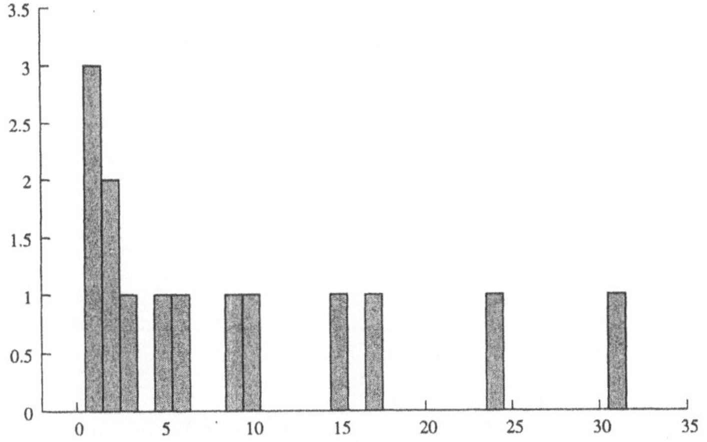

c. Nella legge esponenziale la varianza è pari a $\sigma^2 = \frac{1}{\lambda^2} = \left(\frac{127}{13}\right)^2 = 95.44$. La varianza campionaria ricavata dalle osservazioni è data da

$$\widehat{\sigma}^2 = \frac{1}{14}\sum_{i=1}^{14} t_i^2 - \left(\frac{1}{14}\sum_{i=1}^{14} t_i\right)^2 = \frac{2313}{14} - \left(\frac{127}{14}\right)^2 = 82.92.$$

Poiché questo risultato non è molto diverso da quello ottenuto usando la stima del parametro λ (il loro rapporto, 1.15, è abbastanza vicino a 1), il tempo tra due guasti successivi potrebbe effettivamente seguire una legge esponenziale e quindi potrebbe essere applicabile il processo di Poisson.

3.7 Il tempo di vita di un apparecchio

Esercizio 3.36. Sia X_i il tempo in cui si guasta l'i–esimo sottosistema con $i = 1, 2, 3, 4$. Poiché basta la rottura di un solo sottosistema per bloccare il computer, si ha che il tempo di blocco è dato da

$$Y = \min\{X_1, X_2, X_3, X_4\}.$$

a. Poiché $X_i \sim Esp(\lambda)$, utilizzando i risultati sul tempo di vita di sistemi in serie o in parallelo (§3.10.3), si ha che $Y \sim Esp(4\lambda)$.

b. Dal tempo atteso di rottura di un sottosistema si può ricavare il parametro λ dell'esponenziale:

$$\frac{1}{\lambda} = \mathrm{E}\, X_i = 2000,$$

da cui si ha $\lambda = 1/2000$. Quindi il tempo atteso (in ore) di blocco del computer è dato da

$$\mathrm{E}\, Y = \frac{1}{4\lambda} = \frac{2000}{4} = 500.$$

c. Usando l'espressione della funzione di ripartizione della densità esponenziale si ottiene:

$$P\,(Y \geq 100) = e^{-\frac{100}{500}} = 0.8187.$$

Esercizio 3.37.

a. Il parametro della legge esponenziale considerata è $1/12$. Utilizzando la proprietà di assenza di memoria della legge esponenziale (§3.10.2)

$$P\,(X > 12 | X > 3) = P\,(X > 9) = e^{-9/12} = e^{-3/4} = 0.4724.$$

b. Se X_i è il tempo di rottura dell'i–esimo componente, il tempo di rottura del quarto componente è dato da

$$Y = X_1 + X_2 + X_3 + X_4.$$

La variabile Y, poiché è costituita dalla somma di 4 esponenziali indipendenti di parametro $\frac{1}{12}$, ha legge gamma $Y \sim \Gamma\left(4, \frac{1}{12}\right)$. Quindi la probabilità che la durata complessiva sia almeno 36 mesi è data da

$$P\,(Y \geq 36) = e^{-3} \sum_{k=0}^{3} \frac{3^k}{k!} = 0.6472.$$

Infine, usando le espressioni per la media e la varianza della legge gamma, si ha

$$\mathrm{E}\, Y = 48, \qquad \sigma = \sqrt{\mathrm{Var}\, Y} = 24.$$

c. Se si hanno n componenti, la legge della variabile $Y = X_1 + \cdots + X_n$ è ancora di tipo gamma, $Y \sim \Gamma\left(n, \frac{1}{12}\right)$. La probabilità che la durata complessiva sia almeno di 12 mesi è data da

$$P\,(Y \geq 12) = e^{-1} \sum_{k=0}^{n-1} \frac{1}{k!}.$$

Poiché tale quantità sia maggiore di 0.95 occorre che

$$g(n) = \sum_{k=0}^{n-1} \frac{1}{k!} \geq 0.95 \cdot e = 2.5824.$$

Tabulando il valore del primo membro per i primi 5 interi:

n	1	2	3	4	5
$g(n)$	1.00	2.00	2.50	2.67	2.71

si vede che il minimo numero di componenti è 4.

3.8 La funzione di *istantaneous failure rate* e le leggi di Weibull

Esercizio 3.38. Se Y è la variabile aleatoria che descrive il tempo di rottura di un apparecchio, la sua *propensione istantanea al guasto* $Z(t)$ è definita da

$$Z(t) = \frac{f_Y(t)}{1 - F_Y(t)}$$

dove f_Y e F_Y sono rispettivamente la densità di probabilità continua e la funzione di ripartizione. Nel caso di una legge gamma di parametri 2 e ν, si ha

$$Z(t) = \frac{\nu^2 t e^{-\nu t}}{e^{-\nu t}(1 + \nu t)} = \frac{\nu^2 t}{1 + \nu t}.$$

Il grafico di $Z(t)$ con $\nu = 1$ è riportato nella seguente figura:

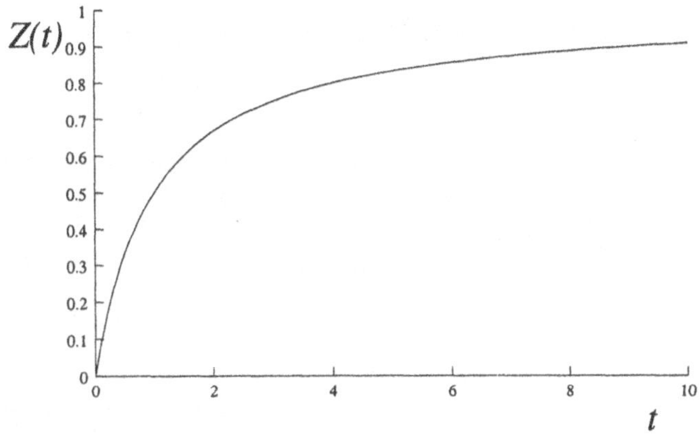

Esercizio 3.39. Poiché Y ha legge di Weibull con i due parametri uguali a 1, la sua funzione di ripartizione F_Y e la sua densità di probabilità continua f_Y sono rispettivamente date da

$$F_Y(t) = 1 - e^{-t^2/2}, \quad f_Y(t) = te^{-t^2/2} \quad (\text{ per } t \geq 0).$$

a. Usando l'espressione della funzione di ripartizione si ottiene l'equazione:

$$0.5 = P(Y > t_o) = 1 - P(Y \le t_o) = e^{-t_o^2/2}.$$

che, risolta, dà come risultato $t_o = \sqrt{2 \ln 2} = 1.1774$.

b. Per rispondere alla domanda occorre calcolare la seguente probabilità condizionata:

$$\begin{aligned} P(Y > t_o + 1 | Y > 1) &= \frac{P(Y > t_o + 1)}{P(Y > 1)} = \exp\left\{-\frac{1}{2}\left[(t_o + 1)^2 - 1\right]\right\} \\ &= e^{-t_o^2/2} e^{-t_o} = 0.5 \cdot 0.3081 = 0.1541. \end{aligned}$$

Quindi la probabilità di vita è diminuita dopo che è passato un anno. Infatti la densità di Weibull con $\beta > 0$ (nel nostro caso $\beta = 1$) descrive il tempo di rottura di apparecchi "che invecchiano".

Esercizio 3.40. Siano X e Y le variabili aleatorie che descrivono il tempo di vita rispettivamente del primo e del secondo componente, sia inoltre Z la variabile che descrive il tempo di vita dell'apparecchio.

a. Nel caso in cui i due componenti siano disposti in serie, l'apparecchio smette di funzionare quando almeno un componente si rompe, quindi si ha che

$$Z = \min\{X, Y\}.$$

Per $t \le 0$ la densità di Z è ovviamente nulla. Poiché X e Y sono indipendenti, usando la definizione di minimo, possiamo calcolare per $t > 0$:

$$\begin{aligned} F_Z(t) &= P(Z \le t) = 1 - P(Z > t) = 1 - P(X > t, Y > t) \\ &= 1 - P(X > t) P(Y > t) = 1 - \left(e^{-t^2/2}\right)^2 = 1 - e^{-t^2} \end{aligned}$$

quindi Z ha legge di Weibull di parametri $c = 2$ e $\beta = 1$.

b. Nel caso in cui i due componenti siano disposti in parallelo, l'apparecchio smette di funzionare quando tutti e due i componenti sono rotti, quindi si ha che

$$Z = \max\{X, Y\}.$$

Poiché X e Y sono indipendenti, usando la definizione di massimo, possiamo calcolare per $t > 0$:

$$\begin{aligned} F_Z(t) &= P(Z \le t) = P(X \le t, Y \le t) = P(X \le t) P(Y \le t) \\ &= \left(1 - e^{-t^2/2}\right)^2. \end{aligned}$$

Derivando la funzione di ripartizione si ottiene la densità f_Z:

$$f_Z(t) = 2te^{-t^2/2}\left(1 - e^{-t^2/2}\right) \quad (\text{ per } t > 0).$$

3.9 Il modello normale

Esercizio 3.41. Sia $X \sim N(\mu, \sigma^2)$ la variabile aleatoria che descrive il peso reale del caffè contenuto in un barattolo. Dai dati dell'esercizio sappiamo che $\mu = 250\,\mathrm{g}$ e che $P(X > 252) = 0.05$, quindi possiamo scrivere

$$0.05 = 1 - P(X \leq 252) = 1 - P(X \leq \mu + 2).$$

Da quest'ultima uguaglianza si ricava

$$0.95 = P\left(\frac{X-\mu}{\sigma} \leq \frac{2}{\sigma}\right),$$

quindi poiché $(X - \mu)/\sigma \sim N(0,1)$ si ottiene $\Phi\left(2/\sigma\right) = 0.95$ che riscritta in termini di quantili diventa

$$\sigma = \frac{2}{z_{0.95}} = \frac{2}{1.6449} = 1.2159.$$

La probabilità che un barattolo pesi meno di 245 g è data da [2]

$$\begin{aligned} P\left(X \leq 245\right) &= P\left(X - \mu \leq -5\right) = P\left(\frac{X-\mu}{\sigma} \leq \frac{-5}{1.2159}\right) = \Phi\left(-4.11\right) \\ &= 1 - \Phi(4.11) \simeq 0. \end{aligned}$$

Esercizio 3.42. Sia $X \sim N(\mu, \sigma^2)$ la variabile aleatoria che descrive la lunghezza di una sbarretta d'acciaio. Dai dati dell'esercizio si ricava che $\mu = 4$ e $\sigma^2 = 0.04$. Sia L la lunghezza massima dei pezzi scartati, poichè vogliamo scartare il 5% delle sbarrette con lunghezza maggiore, deve valere

$$\begin{aligned} 0.05 &= P(X > L) = 1 - P(X \leq L) = 1 - P\left(\frac{X-\mu}{\sigma} \leq \frac{L-\mu}{\sigma}\right) \\ &= 1 - \Phi\left(\frac{L-\mu}{\sigma}\right). \end{aligned}$$

Quindi passando ai quantili

$$L = \mu + z_{0.95}\sigma = 4 + 1.6449 \cdot 0.2 = 4.33.$$

Per quanto riguarda la lunghezza minima l, basta osservare che la densità normale è simmetrica rispetto alla media per ottenere:

$$l = \mu - z_{0.95}\sigma = 4 - 1.6449 \cdot 0.2 = 3.67.$$

Esercizio 3.43. Sia X la variabile aleatoria che descrive il diametro di una sfera d'acciaio scelta a caso. Dai dati del problema sappiamo che

$$P(X \leq 2.4) = 0.2, \qquad P(X \geq 2.6) = 0.1.$$

[2] Utilizzando un calcolatore e un qualunque programma di statistica si può ottenere la probabilità esatta $P\left(X \leq 245\right) = \Phi\left(-4.11\right) = 1.98 \times 10^{-5}$

a. Poiché $\frac{X-\mu}{\sigma}$ ha legge normale $N(0,1)$, possiamo calcolare

$$0.2 = P(X \leq 2.4) = P\left(\frac{X-\mu}{\sigma} \leq \frac{2.4-\mu}{\sigma}\right) = \Phi\left(\frac{2.4-\mu}{\sigma}\right)$$

$$0.1 = P(X \geq 2.6) = 1 - P\left(\frac{X-\mu}{\sigma} \leq \frac{2.6-\mu}{\sigma}\right) = 1 - \Phi\left(\frac{2.6-\mu}{\sigma}\right).$$

Infine passando ai quantili si ottiene il sistema:

$$\begin{cases} z_{0.2} &= \frac{2.4-\mu}{\sigma} \\ z_{0.9} &= \frac{2.6-\mu}{\sigma} \end{cases} \quad \text{e quindi:} \quad \begin{cases} \mu + \sigma z_{0.2} &= 2.4 \\ \mu + \sigma z_{0.9} &= 2.6 \end{cases}$$

le cui soluzioni sono date da

$$\begin{cases} \sigma &= \frac{0.2}{z_{0.9}-z_{0.2}} &= 0.0943 \\ \mu &= 2.6 - 0.2\frac{z_{0.9}}{z_{0.9}-z_{0.2}} &= 2.48, \end{cases}$$

dove si è usato $z_{0.2} = -z_{0.8} \simeq -0.84$.[3] La varianza è data da $\sigma^2 = 0.0943^2 = 0.0089$.

b.

$$\begin{aligned} P(X \geq 2.5) &= 1 - P\left(\frac{X-\mu}{\sigma} \leq \frac{2.5-\mu}{\sigma}\right) = 1 - \Phi\left(\frac{2.5-\mu}{\sigma}\right) \\ &= 1 - \Phi(0.21) = 0.4168. \end{aligned}$$

Esercizio 3.44. Supponendo che X_A e X_B siano indipendenti, poiché $-2X_A \sim N(-2\mu, 4\sigma^2)$, si ottiene dalla somma di due normali indipendenti

$$X_B - 2X_A \sim N(0, 5\sigma^2).$$

Quindi si ha che

$$P(|X_B - 2X_A| < 0.01) = P\left(\frac{|X_B - 2X_A|}{\sqrt{5}\sigma} < \frac{0.01}{\sqrt{5}\sigma}\right) = 2\Phi\left(\frac{0.01}{\sqrt{5}\sigma}\right) - 1.$$

Poiché quest'ultima probabilità deve essere maggiore di 0.99, passando ai quantili si ottiene

$$\frac{0.01}{\sqrt{5}\sigma} \geq z_{\frac{1.99}{2}} \quad \text{e quindi} \quad \sigma^2 \leq \left(\frac{0.01}{\sqrt{5}z_{0.995}}\right)^2 = 0.3 \times 10^{-5}.$$

Esercizio 3.45. Poiché la temperatura del ghiaccio fondente e dell'acqua in ebollizione espressa in gradi Celsius è data rispettivamente da 0^oC e 100^oC, una semplice interpolazione lineare fornisce la formula per la trasformazione da gradi Fahrenheit (x) a gradi Celsius (y):

$$y = -\frac{160}{9} + \frac{5}{9}x.$$

---

[3] Il valore di $z_{0.8}$ non si trova nella tabella dei quantili della legge normale standard, quindi va ricercato leggendo in maniera inversa la tabella dei valori della funzione di ripartizione.

Quindi se X è la variabile aleatoria che rappresenta la temperatura della città in gradi Fahrenheit, la corrispondente variabile Y in gradi Celsius è data da

$$Y = -\frac{160}{9} + \frac{5}{9}X.$$

Perciò $Y \sim N(\bar{\mu}, \bar{\sigma}^2)$, con

$$\bar{\mu} = -\frac{160}{9} + \frac{5}{9}68 = 20, \qquad \bar{\sigma} = \frac{5}{9}4 = 2.2.$$

Esercizio 3.46. Siano $X_1, \ldots, X_{30}$ le variabili aleatorie che rappresentano il peso di 30 persone scelte a caso. Le variabili X_i, $i = 1, \ldots, 30$ sono indipendenti tra loro e hanno legge normale di media 70 e varianza 100. Quindi il peso totale Y delle 30 persone è dato da

$$Y = X_1 + \cdots + X_{30},$$

che ha legge normale di media $\mu = 30 \cdot 70 = 2100$ e varianza $\sigma^2 = 30 \cdot 100 = 3000$. Sia ora M il carico massimo sopportato dalla cabina, si vuole determinare M in modo tale che

$$0.999 = P(Y \leq M) = P\left(\frac{Y-\mu}{\sigma} \leq \frac{M-\mu}{\sigma}\right) = \Phi\left(\frac{M-\mu}{\sigma}\right).$$

Infine passando ai quantili si ottiene

$$M = \mu + \sigma z_{0.999} = 2100 + \sqrt{3000} \cdot 3.09 = 2269.24.$$

Esercizio 3.47. Sia X la variabile aleatoria che descrive il tempo di vita (in giorni) del televisore, dal testo dell'esercizio si ricava che $X \sim N(530, 10000)$

a. Occorre calcolare la seguente probabilità:

$$P(X \geq 365) = P\left(\frac{X-530}{100} \geq \frac{365-530}{100}\right) = \Phi(1.65) = 0.9505.$$

b. Per rispondere a questa domanda occorre calcolare la probabilità condizionata

$$\begin{aligned} P(X \geq 730 | X \geq 365) &= \frac{P(X \geq 730)}{P(X \geq 365)} \\ &= \frac{1-\Phi(2)}{\Phi(1.65)} = \frac{0.02275}{0.95053} = 0.0239. \end{aligned}$$

Rispetto al punto precedente la probabilità è diminuita di molto. Ciò significa che X descrive il tempo di vita di un apparecchio soggetto a invecchiamento.

c. Sia T la durata (in giorni) del periodo di garanzia. La richiesta della casa produttrice si traduce nella disequazione

$$0.1 \geq P(X \leq T) = P\left(\frac{X-530}{100} \leq \frac{T-530}{100}\right) = \Phi\left(\frac{T-530}{100}\right),$$

che, passando ai quantili, diventa

$$\frac{T-530}{100} \leq z_{0.1}, \quad \text{ossia } T \leq 530 + 100 \cdot z_{0.1} = 530 - 100 \cdot z_{0.9} = 402.$$

3.10 Verifica della normalità dei dati. *Normal-scores plot*

Esercizio 3.48. Innanzitutto mettiamo in ordine crescente i dati di resistenza alla rottura:

$$5.49 \quad 6.65 \quad 7.17 \quad 7.44 \quad 8.80$$

quindi calcoliamo i "*normal-scores*" per un campione di ampiezza 5:

$z_{\frac{1}{6}}$	$z_{\frac{1}{3}}$	$z_{\frac{1}{2}}$	$z_{\frac{2}{3}}$	$z_{\frac{5}{6}}$
−0.97	−0.43	0.00	0.43	0.97

Nella figura seguente sono rappresentati i valori di resistenza alla rottura in funzione dei "*normal-scores*" assieme alla retta che approssima ai minimi quadrati i cinque punti, che ha equazione

$$y = 7.11 + 1.58x.$$

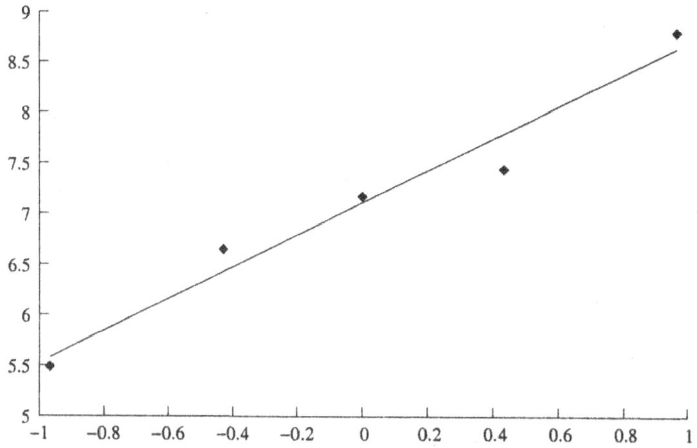

I punti risultano "abbastanza allineati" quindi è ragionevole supporre che le osservazioni provengano da una popolazione normale. I coefficienti della retta ai minimi quadrati danno una stima della media μ e della deviazione standard σ della popolazione

$$\bar{\mu} = 7.11, \qquad \bar{\sigma} = 1.58.$$

Invece le stime della media e della varianza ottenute attraverso la media e la varianza campionaria sono date da

$$\tilde{\mu} = \frac{5.49 + 6.65 + 7.17 + 7.44 + 8.80}{5} = 7.11, \qquad \tilde{\sigma}^2 = 51.71 - (7.11)^2 = 1.16.$$

3.11 Il Teorema del Limite Centrale e l'approssimazione normale

Esercizio 3.49. Sia $X \sim N(\mu, \sigma^2)$ la variabile aleatoria che rappresenta la statura di un individuo scelto a caso residente nel comune.

a. Dai dati forniti dall'esercizio sappiamo che $\mu = 174$. Inoltre sappiamo che

$$0.99 = P(154 \leq X \leq 194) = P\left(-\frac{20}{\sigma} \leq \frac{X-\mu}{\sigma} \leq \frac{20}{\sigma}\right) = 2\Phi\left(\frac{20}{\sigma}\right) - 1,$$

che, passando ai quantili, diventa

$$\sigma = \frac{20}{z_{0.995}} = 7.76.$$

b. La probabilità richiesta è data da

$$\begin{aligned} P(165 \leq X \leq 170) &= P\left(-1.159 \leq \frac{X-\mu}{\sigma} \leq -0.515\right) \\ &= \Phi(1.16) - \Phi(0.52) = 0.1785. \end{aligned}$$

c. Siano ora $X_1, \ldots, X_{20}$ le altezze di un campione di 20 individui. Sappiamo che la media campionaria $\overline{X}_n$ ha legge normale, in particolare si ha

$$\overline{X}_n = \frac{X_1 + \cdots + X_{20}}{20} \sim N\left(\mu, \frac{\sigma^2}{20}\right).$$

La probabilità richiesta è quindi data da

$$\begin{aligned} P\left(165 \leq \overline{X}_n \leq 170\right) &= P\left(-5.18 \leq \sqrt{20}\,\frac{\overline{X_n}-\mu}{\sigma} \leq -2.30\right) \\ &= \Phi(5.18) - \Phi(2.30) = 0.0107. \end{aligned}$$

Esercizio 3.50. La probabilità di ottenere 7 in un lancio è $\frac{1}{6}$ (casi favorevoli/casi possibili), quindi se X è il numero di 7 che si ottengono in 60 lanci, si ha che $X \sim B\left(60, \frac{1}{6}\right)$. La probabilità di ottenere 7 almeno 10 volte è data da[4]

$$P(X \geq 10) = \sum_{k=10}^{60} \binom{60}{k} \cdot \left(\frac{1}{6}\right)^k \left(\frac{5}{6}\right)^{60-k} = 0.5536.$$

Poiché $60\frac{1}{6} = 10 > 5$ e $60\frac{5}{6} = 50 > 5$, si dovrebbe ottenere un valore sufficientemente corretto usando l'approssimazione normale con correzione di continuità:

$$P(X \geq 10) = 1 - P(X \leq 9) \simeq 1 - \Phi\left(\frac{9 + 0.5 - 10}{\sqrt{50/6}}\right) = 0.5675.$$

Esercizio 3.51. Sia X_i il numero di passeggeri sui treni da Milano a Firenze nel giorno i–esimo. Supponiamo che i numeri di passeggeri in due giorni diversi siano indipendenti tra di loro, quindi la legge del numero complessivo di viaggiatori Y in trenta giorni:

$$Y = X_1 + \cdots + X_{30}$$

[4]Ovviamente il valore numerico esatto è stato calcolato con l'ausilio del calcolatore

può essere approssimata dalla legge normale $N(30 \cdot 3000, 30 \cdot 1000^2)$. Perciò la probabilità che il numero complessivo di viaggiatori in 30 giorni sia almeno 100000 può essere approssimata, usando la correzione di continuità, da

$$\begin{aligned} P(Y \geq 100000) &= 1 - P\left(\frac{Y - 90000}{\sqrt{30} \cdot 1000} \leq \frac{99999.5 - 90000}{\sqrt{30} \cdot 1000}\right) \\ &\simeq 1 - \Phi(1.83) = 0.0336. \end{aligned}$$

Esercizio 3.52.

a. Poiché la presenza o meno di errori in pagine diverse sono eventi indipendenti, possiamo descrivere il problema come un processo di Bernoulli in cui la probabilità di "successo" (presenza di errori) è $p = 0.02$. Quindi la variabile X che conta il numero di pagine che richiedono correzioni ha legge binomiale $X \sim B(400, 0.02)$.

b. Utilizzando l'approssimazione normale con correzione di continuità $X \simeq N(8, 7.84)$ si ricava:

$$P(X \geq 4) = 1 - P(X \leq 3) \simeq 1 - \Phi\left(\frac{3 + 0.5 - 8}{\sqrt{8 \cdot 0.98}}\right) = 0.9463.$$

c. Poiché abbiamo un grande numero di esperimenti di Bernoulli (400) con una piccola probabilità di successo per ogni esperimento (0.02), la legge di X può essere approssimata dalla legge di Poisson $P(400 \cdot 0.02) = P(8)$. Possiamo quindi calcolare

$$P(X \geq 4) = 1 - P(X \leq 3) \simeq 1 - e^{-8}\left[1 + \frac{8}{1!} + \frac{8^2}{2!} + \frac{8^3}{3!}\right] = 0.9576.$$

Osserviamo che il calcolo esatto della probabilità ottenuto usando il calcolatore dà come risultato 0.9590

Esercizio 3.53.

a. Il signor Rossi deve attendere più di 7 minuti se nel periodo di 10 minuti compreso tra due partenze, arriva nei 3 minuti successivi alla prima partenza. La probabilità di arrivare in quei 3 minuti è $p = \frac{3}{10} = 0.3$.

b. Possiamo descrivere la situazione attraverso un processo di Bernoulli composto di 6 esperimenti (i giorni di permanenza del signor Rossi) ognuno dei quali avente probabilità di successo $p = 0.3$. Quindi X ha legge binomiale $X \sim B(6, 0.3)$. Per cui si ha $\mathrm{E}\, X = 6 \cdot 0.3 = 1.8$, $\mathrm{Var}\, X = 6 \cdot 0.3 \cdot 0.7 = 1.26$.

c. Procedendo in modo analogo ai due punti precedenti si ottiene $Y \sim B(30, 0.3)$. Per cui si ha

$$\mathrm{E}\, Y = 30 \cdot 0.3 = 9, \qquad \mathrm{Var}\, Y = 30 \cdot 0.3 \cdot 0.7 = 6.3.$$

d. Utilizzando l'approssimazione normale con correzione di continuità si ottiene

$$P(Y < 5) = P(Y \leq 4) = \Phi\left(\frac{4 + 0.5 - 9}{\sqrt{6.3}}\right) = 1 - \Phi(1.79) = 0.0367;$$

$$P(Y > 15) = 1 - P(Y \leq 15) = 1 - \Phi\left(\frac{15 + 0.5 - 9}{\sqrt{6.3}}\right) = 0.0048;$$

$$\begin{aligned} P(6 < Y < 12) &= P(Y \leq 11) - P(Y \leq 6) \\ &= \Phi\left(\frac{11 + 0.5 - 9}{\sqrt{6.3}}\right) - \Phi\left(\frac{6 + 0.5 - 9}{\sqrt{6.3}}\right) = 0.6827. \end{aligned}$$

Esercizio 3.54. Supponendo che X e W siano indipendenti, si ha che $Y \sim N(173, 36)$.

a.

$$P(Y \leq 180) = P\left(\frac{Y - 173}{6} \leq \frac{180 - 173}{6}\right) = \Phi(1.17) = 0.8790.$$

b. Vi sono infiniti intervalli diversi che contengono il 99% delle misure. Troviamo quello centrato rispetto alla media di Y che risulta essere anche quello di ampiezza minore. Vogliamo quindi trovare un numero $a > 0$ tale che si abbia

$$\begin{aligned} 0.99 &= P(173 - a \leq Y \leq 173 + a) = P\left(-\frac{a}{6} \leq \frac{Y - 173}{6} \leq \frac{a}{6}\right) \\ &= 2\Phi\left(\frac{a}{6}\right) - 1. \end{aligned}$$

Passando ai quantili si ottiene

$$a = 6 \cdot z_{0.995} = 15.45,$$

quindi l'intervallo cercato è $(157.55, 188.45)$.

c. Tale probabilità è uguale a:

$$P(W \leq -3) = P\left(\frac{W + 2}{\sqrt{6}} \leq \frac{-1}{\sqrt{6}}\right) = \Phi(-0.41) = 0.3409.$$

Capitolo 4

Statistica inferenziale

4.1 Stima puntuale

Esercizio 4.1.

a. Istogramma di frequenza:

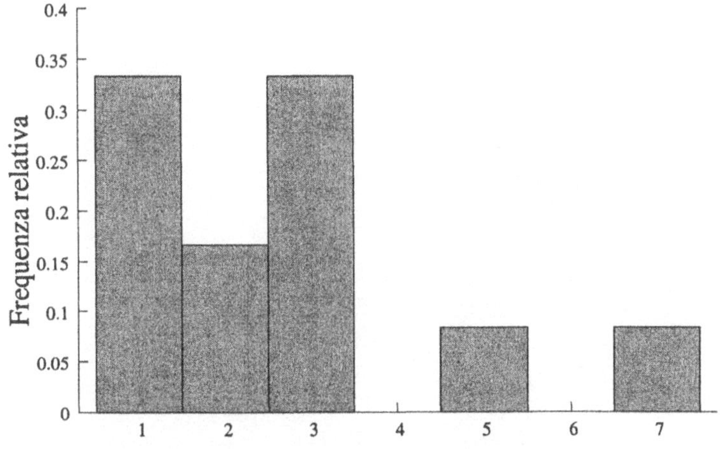

Utilizziamo per il calcolo di *skewness* e curtosi le formule del §1.3, per s_n^2 la varianza campionaria definita nel §4.1.2. Dunque abbiamo:

$$\overline{x}_n = 2.\overline{6},\ s_n^2 = 3.\overline{3}\ \sigma = 1.826,\ sk = 1.172,\ curt = 3.691.$$

Per una v.a. $X \sim P_0(\lambda)$ si dovrebbe avere:

$$\mathrm{E}\, X = \lambda;\ \mathrm{Var}\, X = \lambda;\ sk(X) = \frac{1}{\sqrt{\lambda}};\ curt(X) = 3 + \frac{1}{\lambda},$$

quindi dovrebbe essere:

$$\overline{x}_n = s^2 = \left(\frac{1}{sk}\right)^2 = \frac{1}{curt - 3}.$$

In questo caso i 4 numeri sono: 2.666; 3.333; 0.729; 1.447. Per media e varianza l'adattamento è discreto, per gli altri due indici è peggiore. Questa prima analisi non permette una risposta netta alla domanda.

b. Stimiamo il parametro:

$$\widehat{\lambda} = 2.\overline{6}.$$

c. Calcoliamo in base al valore stimato per il parametro le probabilità teoriche $p_X(k) = e^{-2.667} \frac{2.667^k}{k!}$ e confrontiamo con le frequenze relative:

k	0	1	2	3	4	5	6	7
$p_X(k)$	0.069	0.185	0.247	0.220	0.146	0.078	0.035	0.013
f_k	0	0.333	0.167	0.333	0	0.083	0	0.083

L'adattamento dei dati empirici al modello teorico è piuttosto scadente.

Esercizio 4.2.

a. Tracciamo un istogramma di frequenza raggruppando i dati in 4 classi $[0,2)$, $[2,4)$, $[4,6)$, $[6,8)$:

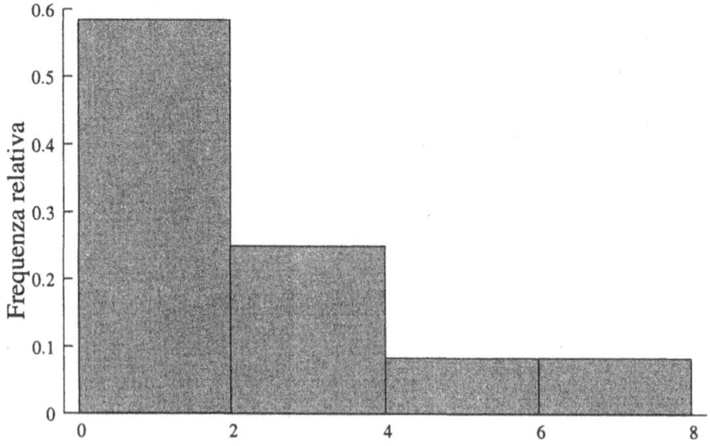

Come nell'esercizio precedente, calcoliamo: $\overline{x}_n = 2.08$, $s_n^2 = 4.564$, $\sigma = 2.136$, $sk = 1.480$, $curt = 4.656$. Per una v.a. $X \sim$Esp(ν) si dovrebbe avere: $\mathrm{E}\,X = \frac{1}{\nu}$; $\mathrm{Var}\,X = \frac{1}{\nu^2}$; $sk(X) = 2$; $curt(X) = 9$, quindi dovrebbe essere: $\overline{x}_n = s_n$, il che è in buon accordo coi dati empirici. Un po' peggiore è la corrispondenza dei dati empirici coi valori teorici di *skewness* e curtosi.

b. Stimiamo il parametro con lo stimatore ricavato nel §3.10.1:

$$\widehat{\nu} = \frac{n-1}{n} \cdot \frac{1}{\overline{x}_n} = 0.441.$$

Esercizio 4.3.

a. Calcoliamo dai dati: $\overline{x}_n = 1.685$, $s_n^2 = 0.850$, $\sigma = 0.922$, $sk = 0.728$, $curt = 3.118$

b. $\widehat{\mu} = 1.685$; $\widehat{\sigma} = 0.922$.

c.

classe	fr. ass.	fr. rel.
$[0,1)$	3	0.250
$[1,2)$	6	0.500
$[2,3)$	2	0.167
$[3,4)$	1	0.083
Tot.	12	1.000

d. Supponendo $X \sim N\left(1.685, 0.922^2\right)$, calcoliamo la probabilità che X appartenga alle 4 classi precedenti.

$$\begin{aligned} P(k-1 < X < k) &= P\left(\frac{k-1-1.685}{0.922} < Z < \frac{k-1.685}{0.922}\right) \\ &= \Phi\left(\frac{k-1.685}{0.922}\right) - \Phi\left(\frac{k-2.685}{0.922}\right) \end{aligned}$$

per $k = 1, 2, 3, 4$:

classe	probabilità	freq. rel.
$[0,1)$	0.196	0.250
$[1,2)$	0.403	0.500
$[2,3)$	0.291	0.167
$[3,4)$	0.070	0.083
Tot.	0.960	1.000

L'adattamento dei dati empirici al modello teorico è discreto.

e. L'indice di curtosi si adatta bene (valore teorico 3); l'indice di *skewness* meno (valore teorico 0).

Esercizio 4.4.

a. Poiché

$$\int_0^1 x^{\alpha-1}(1-x)\,dx = \frac{1}{\alpha} - \frac{1}{\alpha+1} = \frac{1}{\alpha(\alpha+1)}$$

la costante di normalizzazione è $c_\alpha = \alpha(\alpha+1)$.

b.

$$\begin{aligned} \mathrm{E}\,X &= \int_{\mathbb{R}} x f(x,\alpha)\,dx = \int_0^1 \alpha(\alpha+1)x^\alpha(1-x)\,dx \\ &= \alpha(\alpha+1)\left[\frac{1}{\alpha+1} - \frac{1}{\alpha+2}\right] = \frac{\alpha}{\alpha+2}. \end{aligned}$$

c. Stimando $\mathrm{E}\,X$ con $\overline{x}_n$ si ha

$$\widehat{\left(\frac{\alpha}{\alpha+2}\right)} = \overline{x}_n$$

e quindi risolvendo rispetto ad α è naturale stimare:

$$\widehat{\alpha} = \frac{2\overline{x}_n}{1-\overline{x}_n}.$$

d. Per $\overline{x}_n = 0.52$ si avrebbe $\widehat{\alpha} = \frac{2\cdot 0.52}{1-0.52} = 2.167$.

4.2 Stima per intervalli

Esercizio 4.5. L'intervallo di confidenza, al livello $100\alpha\%$, per la media μ di una popolazione normale di varianza nota, è

$$\left(\overline{X}_n - z_{(1+\alpha)/2}\frac{\sigma}{\sqrt{n}}, \overline{X}_n + z_{(1+\alpha)/2}\frac{\sigma}{\sqrt{n}}\right).$$

Nel nostro caso $\sigma = 14.5$, $\alpha = 0.95$, $z_{0.975} = 1.96$, $\sigma \cdot z_{0.975} = 28.42$, quindi ponendo $I_n = \left(\overline{x}_n - \frac{28.42}{\sqrt{n}}, \overline{x}_n + \frac{28.42}{\sqrt{n}}\right)$, si ha

	a.	*b.*	*c.*	*d.*
	$n = 36$	$n = 100$	$n = 500$	$n = 1000$
	$\overline{x}_n$=100.25	$\overline{x}_n$= 99.75	$\overline{x}_n$=100.75	$\overline{x}_n$= 100.5
I_n	$(95.5, 105.0)$	$(96.9, 102.6)$	$(99.4, 102.1)$	$(99.6, 101.4)$

Esercizio 4.6. L'intervallo di confidenza per la media di una popolazione normale di varianza incognita è dato da:

$$\widehat{\mu} = \overline{X}_n \pm t_{(1+\alpha)/2}(n-1)\sqrt{\frac{S_n^2}{n}}.$$

Nel nostro caso:

$$\overline{x}_n = 447, s_n = 9, n = 200, \alpha = 0.99, t_{0.995}\,(199) \simeq z_{0.995} = 2.5758$$

(poiché $n > 120$, approssimiamo il quantile della Student col corrispondente quantile della normale).

$$\widehat{\mu} = 447 \pm 2.5758 \cdot \frac{9}{\sqrt{200}} = 447 \pm 1.64 = (445.36, 448.64).$$

Esercizio 4.7. Si tratta di costruire un intervallo di confidenza per la media di una popolazione normale di varianza incognita:

$$\widehat{\mu} = \overline{X}_n \pm t_{(1+\alpha)/2}(n-1)\sqrt{\frac{S_n^2}{n}}.$$

Qui $n = 100$, $\alpha = 0.95$, e approssimiamo $t_{0.975}\,(99)$ con $t_{0.975}\,(100) = 1.984$, quindi $\widehat{\mu} = \overline{x}_n \pm 0.1984\, s_n$. Chiamando $I_n = (\overline{x}_n - 0.1984 s_n, \overline{x}_n + 0.1984 s_n)$ si ha

	Marca A	Marca B	Marca C
	$\overline{x}_n = 49h$	$\overline{x}_n = 55h$	$\overline{x}_n = 53h$
	$s_n = 8.2h$	$s_n = 10.1h$	$s_n = 7.5h$
I_n	$(47.37, 50.63)$	$(52.99, 57.01)$	$(51.51, 54.49)$

Si può concludere che le marche B, C sono senz'altro meglio di A, e che B è tendenzialmente meglio di C, ma in modo meno evidente.

Per la validità del procedimento seguito, non è necessario supporre che la v.a. "Tempo di funzionamento senza errori" sia distribuita normalmente, in quanto $n > 30$ (approssimazione normale per grandi campioni).

Esercizio 4.8. L'intervallo di confidenza approssimato, al livello del $100\alpha\%$, per la frequenza p di una popolazione bernoulliana, valido per grandi campioni è dato da:

$$\widehat{p} = \overline{X}_n \pm z_{(1+\alpha)/2}\sqrt{\frac{\overline{X}_n(1-\overline{X}_n)}{n}}$$

Qui supponiamo $n = 100, \overline{x}_n = 0.1$,quindi

$$\widehat{p} = 0.1 \pm z_{(1+\alpha)/2}\sqrt{\frac{0.1 \cdot 0.9}{100}}$$

α	$z_{(1+\alpha)/2}$	intervallo di confidenza
0.9	1.6449	$(0.05, 0.15)$
0.95	1.96	$(0.04, 0.16)$
0.99	2.5758	$(0.02, 0.18)$

Esercizio 4.9. Intervallo di confidenza approssimato, al livello del $100\alpha\%$, per la frequenza p di una popolazione bernoulliana, valido per grandi campioni:

$$\widehat{p} = \overline{X}_n \pm z_{(1+\alpha)/2}\sqrt{\frac{\overline{X}_n(1-\overline{X}_n)}{n}}$$

a. Qui supponiamo $n = 100, \overline{x}_n = 0.06, \alpha = 0.95$, $z_{0.975} = 1.96$

$$\widehat{p} = 0.06 \pm 1.96\sqrt{\frac{0.06 \cdot 0.94}{100}} = (0.0134, 0.1066)$$

b. Se $p = 0.01$, il numero di lattine sottopeso è $Y = \sum_{i=1}^{100} X_i \sim B\,(100, 0.01)$. Poiché $np = 1 < 5$, l'approssimazione normale della binomiale non è giustificata, mentre il calcolo esatto dà:

$$P\,(Y \geq 6) = 1 - \sum_{k=0}^{5}\binom{100}{k}0.01^k 0.99^{100-k} = 0.000535.$$

Si sarebbe anche potuto usare l'approssimazione di Poisson della binomiale: $B\,(100, 0.01) \simeq P_0\,(1)$, perciò

$$P\,(Y \geq 6) \simeq 1 - e^{-1}\sum_{k=0}^{5}\frac{1}{k!} = 0.000594.$$

(Se si fosse usata la legge normale si sarebbe trovato un risultato inaccurato di probabilità $\simeq 0$).

Esercizio 4.10. Intervallo di confidenza approssimato, al livello del $100\alpha\%$, per la frequenza p di una popolazione bernoulliana, valido per grandi campioni:

$$\widehat{p} = \overline{X}_n \pm z_{(1+\alpha)/2}\sqrt{\frac{\overline{X}_n(1-\overline{X}_n)}{n}}$$

a. Qui supponiamo $\overline{x}_n = 0.7$, $\alpha = 0.90$, $z_{0.95} = 1.6449$. L'intervallo di confidenza cercato, in funzione di n, è:

$$\widehat{p} = 0.7 \pm 1.6449\sqrt{\frac{0.7 \cdot 0.3}{n}} = 0.7 \pm \frac{0.75379}{\sqrt{n}}.$$

b. Per avere un intervallo di confidenza contenuto in $(0.69, 0.71)$ dev'essere

$$\frac{0.75379}{\sqrt{n}} < 0.01$$

ossia $n \geq 5682$.

Esercizio 4.11. Intervallo di confidenza approssimato, al livello del $100\alpha\%$, per la frequenza p di una popolazione bernoulliana, valido per grandi campioni:

$$\widehat{p} = \overline{X}_n \pm z_{(1+\alpha)/2}\sqrt{\frac{\overline{X}_n(1-\overline{X}_n)}{n}}$$

a. Qui supponiamo $n = 500, \overline{x}_n = 0.2, \alpha = 0.95$, $z_{0.975} = 1.96$. L'intervallo di confidenza cercato è:

$$\widehat{p} = 0.2 \pm 1.96\sqrt{\frac{0.2 \cdot 0.8}{500}} = 0.2 \pm 0.0351 = (0.1649, 0.2351).$$

b. L'ampiezza dell'intervallo di confidenza è:

$$2 \cdot 1.96 \cdot \sqrt{\frac{\overline{X}_n(1-\overline{X}_n)}{n}} \leq \frac{1.96}{\sqrt{n}}$$

(si è usato il fatto che, per $t \in (0,1)$, $\sqrt{t(1-t)} \leq \frac{1}{2}$). Dunque vogliamo che sia

$$\frac{1.96}{\sqrt{n}} \leq 0.01 \qquad \text{il che è vero se} \qquad n \geq 38\,416.$$

Esercizio 4.12.

a. Possiamo usare l'intervallo di confidenza approssimato, valido per grandi campioni ($n > 30$) per la media di una popolazione qualsiasi di varianza incognita:

$$\widehat{\mu} = \overline{X}_n \pm t_{(1+\alpha)/2}(n-1)\sqrt{\frac{S_n^2}{n}}.$$

In questo caso: $n = 40$, $\overline{x}_n = 12.73$, $s_n = 2.06$, $\alpha = 0.95$. Calcoliamo il quantile $t_{0.975}(39)$ per interpolazione lineare tra i due valori che compaiono in tabella,

$$t_{0.975}(30) = 2.04227; \; t_{0.975}(40) = 2.02107$$

$$t_{0.975}(39) \simeq \frac{2.02107 - 2.04227}{40 - 30}(39 - 30) + 2.04227 = 2.02319.$$

Quindi l'intervallo di confidenza richiesto è:

$$\widehat{\mu} = 12.73 \pm 2.02319 \cdot \frac{2.06}{\sqrt{40}} = 12.73 \pm 0.659 = (12.071, 13.389).$$

b. L'errore massimo compiuto stimando μ con $\overline{x}_n$, al livello di confidenza del 99% è

$$t_{0.995}(39)\sqrt{\frac{s_n^2}{40}} \simeq \frac{2.7}{\sqrt{40}} s_n = 0.427\, s_n.$$

(L'errore non si può stimare a priori numericamente, perché dipende anche dalla varianza campionaria).

Esercizio 4.13. Dal campione ottenuto abbiamo: $n = 8$, $\overline{x}_n = 2.1$, $s_n^2 = 0.289$. Per $\alpha = 0.95$, $t_{0.975}(7) = 2.36462$ e l'intervallo è:

$$\widehat{\mu} = \overline{x}_n \pm t_{0.975}(7)\sqrt{\frac{s_n^2}{n}} = 2.1 \pm 2.36462\sqrt{\frac{0.289}{8}} = 2.1 \pm 0.45 = (1.65, 2.55).$$

Poiché il campione è poco numeroso ($n = 8 < 30$) affinché il risultato ottenuto con questo metodo sia attendibile è essenziale l'ipotesi di normalità dei dati.

4.3 Test di ipotesi

Esercizio 4.14.

a. Eseguiamo un test sulla media di una popolazione normale di varianza incognita, con $n = 51$ e $\alpha = 0.05$. Ipotesi nulla: $H_0 : \mu \geq 500$. Statistica utilizzata:

$$T = \frac{\overline{X}_n - 500}{S_n/\sqrt{51}}.$$

Regola di decisione: "Si rifiuti H_0 se $t < -t_{0.95}(50) = -1.67591$"[1]. Con i dati $\overline{x}_n = 492$, $s_n^2 = 220$ si calcola

$$t = \frac{492 - 500}{\sqrt{220/51}} = -3.85 < -1.67$$

e quindi si rifiuta l'ipotesi, al livello 0.05.

b. L'ipotesi che la distribuzione sia normale non è indispensabile per giustificare il procedimento seguito, in quanto ragioniamo su un campione numeroso ($n = 51 > 30$).

Esercizio 4.15. Eseguiamo un test sulla media di una popolazione qualsiasi con varianza incognita e campione numeroso, al livello[2] 0.05. Ipotesi nulla: $H_0 : \mu = 3.5$. Statistica utilizzata:

$$t = \frac{\overline{x}_n - 3.5}{\sqrt{s_n^2/n}}.$$

Regola di decisione: "Si rifiuti H_0 se $|t| > t_{0.975}(n-1)$". Con i dati $\overline{x}_n = 3.42$, $s_n^2 = 0.2209, n = 150$ si calcola $t_{0.975}(149) \simeq z_{0.975} = 1.96$, e

$$|t| = \frac{|3.42 - 3.5|}{\sqrt{0.2209/150}} = 2.0846 > 1.96$$

[1] Qui e nel seguito indichiamo con t il valore assunto dalla statistica T nel caso osservato

[2] Per la scelta di $\alpha = 0.05$ si vedano le avvertenze iniziali.

e quindi si rifiuta l'ipotesi, al livello 0.05.

Con gli stessi valori di $\overline{x}$ e s^2, ma $n = 60$, avremmo:

$$|t| = \frac{|3.42 - 3.5|}{\sqrt{0.2209/60}} = 1.318.$$

D'altro canto $t_{0.975}(59) > t_{0.975}(60) = 2.0003 > 1.318$. Quindi in questo caso non rifiuteremmo l'ipotesi, al livello di significatività 0.05.

Esercizio 4.16.

a. Descriviamo la situazione come un test di ipotesi al livello 0.05 sulla frequenza di una popolazione bernoulliana, per campioni numerosi. Ipotesi nulla: $H_0 : p \geq 0.04$ (punto di vista che cautela la ditta acquirente). Statistica usata:

$$Z = \frac{\overline{X}_n - 0.04}{\sqrt{\frac{0.04 \cdot 0.96}{150}}}.$$

L'approssimazione normale è giustificata dalla numerosità del campione ($n = 150 > 30$) e dal fatto che $np_0 = 6 > 5$ (e a maggior ragione $n(1 - p_0) > 5$). Regola di decisione: "Si rifiuti H_0 se $z < -z_{0.95} = -1.6449$" (z è il valore assunto da Z nel caso osservato). Rifiutare H_0 significa in questo caso accettare il lotto di pezzi. Dunque si accetta il lotto se

$$\frac{\overline{x}_n - 0.04}{\sqrt{\frac{0.04 \cdot 0.96}{150}}} < -1.6449$$

ossia se $\overline{x}_n < 0.01368$, ossia se il numero di pezzi difettosi è inferiore a $k = 150 \cdot 0.01368 = 2.05$. Quindi la regola di decisione è:

"Accettare il lotto se non più di 2 pezzi su 150 sono difettosi".

b. La probabilità di scartare un lotto con meno del 4% dei pezzi difettosi è:

$$P^{p \leq 0.04}\left(\overline{X}_n > \frac{2}{150}\right) \leq P^{p=0.04}\left(\overline{X}_n > \frac{2}{150}\right) \simeq P\left(Z > \frac{\frac{2}{150} - 0.04}{\sqrt{\frac{0.04 \cdot 0.96}{150}}}\right) =$$

$$= 1 - \Phi(-1.67) = \Phi(1.67) = 0.95254.$$

Commento. Con questa regola di decisione, la massima probabilità di scartare un lotto che in realtà è conforme ai requisiti è molto alta: più del 95%. Ciò significa che la regola di decisione seguita è molto severa. Si rifletta tuttavia sul significato di questo numero: questo rappresenta la massima probabilità di scartare un lotto conforme alle specifiche, al variare del valore vero del parametro p nell'intervallo $(0, 0.04)$, e questa massima probabilità corrisponde all'ipotesi peggiore, quella di un lotto contenente esattamente il 4% di pezzi difettosi. Se ad esempio un lotto contiene solo l'1% di pezzi difettosi, la probabilità di scartarlo con questa regola di decisione scende a 0.341, un livello ancora piuttosto alto ma molto inferiore 0.95 (lo studente è invitato ad eseguire il calcolo).

Esercizio 4.17. Il problema si può formalizzare come test di ipotesi sulla frequenza di una popolazione bernoulliana, per grandi campioni: ci si chiede se la frequenza relativa p degli studenti di diploma provenienti da fuori città sia significativamente maggiore del valore $p_0 = 0.32$. L'ipotesi nulla è: $H_0 : p \leq 0.32; n = 30; \alpha = 0.05; \overline{x}_n = \frac{14}{30}$. Le ipotesi di validità dell'approssimazione normale sono verificate: $n = 30; n(1 - p_0) > np_0 = 9.6 > 5$. La statistica utilizzata è

$$Z = \frac{\overline{X}_n - 0.32}{\sqrt{0.32(1 - 0.32)/n}};$$

la regola di decisione è: "Si rifiuti H_0 se $z > z_{0.95} = 1.6449$". Poiché $z = 1.721 > 1.6449$, il test rifiuta l'ipotesi. Quindi al livello di significatività 0.05 si conclude che il Diploma richiama studenti da fuori città più della Laurea.

Esercizio 4.18. Il problema si può formalizzare come test di ipotesi, al livello 0.05, sulla differenza fra le medie di due popolazioni di varianze incognite e piccoli campioni $(n_A < 30, n_B < 30)$. Poiché i campioni sono piccoli, è essenziale poter ipotizzare che le popolazioni siano normali. Poiché inoltre le varianze sono incognite, per poter effettuare un t-test è utile poter supporre che queste siano uguali tra loro. Questo va verificato empiricamente. Calcoliamo dai dati medie e varianze campionarie:

$$\overline{x}_A = 90.4;\ s_A^2 = 7.3; \overline{x}_B = 91.11; s_B^2 = 12.36.$$

Notiamo che $s_B^2/s_A^2 = 1.69 < 4$, quindi possiamo applicare il t-test valido nel caso di varianze incognite ma uguali tra loro. Sia dunque $X_A \sim N(\mu_A, \sigma^2); X_B \sim N(\mu_B, \sigma^2)$.

Ipotesi nulla: $H_0 : \mu_A = \mu_B$ (i reparti sono ugualmente produttivi).

Statistica utilizzata:

$$T = \frac{\overline{X}_A - \overline{X}_B}{\sqrt{\frac{1}{n_A} + \frac{1}{n_B}}\sqrt{\frac{(n_A-1)S_A^2+(n_B-1)S_B^2}{n_A+n_B-2}}},$$

e nel caso osservato abbiamo

$$t = \frac{90.4 - 91.11}{\sqrt{\frac{1}{5} + \frac{1}{9}}\sqrt{\frac{4 \cdot 7.3 + 8 \cdot 12.36}{5+9-2}}} = -0.39.$$

Regola di decisione: "Si rifiuti H_0 se $|t| > t_{0.975}(12) = 2.17881$". Poiché $|t| = 0.39 < 2.178$, il test non consente di rifiutare l'ipotesi. Non si può quindi affermare, al livello 0.05, in base a questi dati, che tra i due reparti vi sia una differenza significativa di produttività.

Esercizio 4.19. Test sulle medie di due popolazioni normali. Poiché $s_X^2/s_Y^2 = 4.43 > 4$, non è lecito applicare il t-test valido nell'ipotesi di varianze uguali. D'altro canto, essendo entrambi i campioni numerosi

$$(n = 40 > 30, m = 50 > 30),$$

si possono stimare le varianze mediante le varianze campionarie, ed eseguire uno z-test valido nel caso di varianze note. Poniamo quindi: $\sigma_X^2 = 9.3; \sigma_Y^2 = 2.1$. Ipotesi nulla: $H_0 : \mu_X \leq \mu_Y$. Statistica utilizzata:

$$Z = \frac{\overline{X}_n - \overline{Y}_m}{\sqrt{\frac{\sigma_X^2}{n} + \frac{\sigma_Y^2}{m}}}.$$

Nel caso osservato, si ha

$$z = \frac{2.91 - 1.98}{\sqrt{\frac{9.3}{40} + \frac{2.1}{50}}} = 1.775.$$

Al livello del 5%, la regola di decisione è: "Si rifiuti H_0 se $z > z_{0.95} = 1.6449$". Poiché $1.775 > 1.6449$, si può rifiutare l'ipotesi, ossia si può affermare, al livello di significatività del 5%, che $\mu_X > \mu_Y$.

Esercizio 4.20.

a. La situazione presenta due campioni di osservazioni accoppiate:

$$(12, 8, 10, 9) \quad \text{e} \quad (14, 10, 13, 8)$$

a cui corrisponde il campione di differenze

$$(14 - 12, 10 - 8, 13 - 10, 8 - 9) = (2, 2, 3, -1).$$

Poiché queste differenze si possono vedere come fluttuazioni casuali, è ragionevole pensare che provengano da una popolazione normale. Si tratta ora di eseguire un test di ipotesi sulla media di una popolazione $N(\mu, \sigma^2)$ di varianza incognita. L'ipotesi nulla è: $H_0 : \mu \leq 0$ (ossia: il numero medio di pezzi prodotti non è aumentato). Dal campione si calcola: $n = 4, \overline{x}_n = 1.5, s_n^2 = 3$. La statistica usata è

$$T = \frac{\overline{X}_n}{\sqrt{S_n^2/n}} = \frac{1.5}{\sqrt{3/4}} = 1.732.$$

Al livello del 5%, la regola di decisione è: "Si rifiuti H_0 se $t > t_{0.95}(3) = 2.353$", quindi questi dati non portano a rifiutare l'ipotesi, e quindi concludiamo, al livello di significatività del 5%, che il numero medio di pezzi prodotti non è aumentato.

b. Se il secondo campione è ora $(8, 10, 13, 14)$, il campione delle differenze diventa:

$$(8 - 12, 10 - 8, 13 - 10, 14 - 9) = (-4, 2, 3, 5).$$

Dal campione di differenze si ha: $n = 4$, $\overline{x}_n = 1.5, s_n^2 = 15$, e:

$$t = \frac{1.5}{\sqrt{15/4}} = 0.7746 < 2.353.$$

Perciò anche in questo caso non si rifiuta l'ipotesi.

Esercizio 4.21. L'ipotesi nulla è $H_0 : \sigma_X^2 = \sigma_Y^2$. Statistica utilizzata:

$$F = \frac{S^2_{\max}}{S^2_{\min}},$$

che nel nostro caso assume il valore 3.95. Regola di decisione (al livello 5%):

"si rifiuti H_0 se $F > F_{0.975}\,(n_{max} - 1, n_{min} - 1)$".

Dalle tavole calcoliamo i quantili e troviamo le conclusioni:

	$F_{0.975}\,(n_{\max} - 1, n_{\min} - 1)$	Conclusione
a. $n_{\max} = n_{\min} = 5$	9.60	non rif. H_0
b. $n_{\max} = 15$, $n_{\min} = 5$	8.66	non rif. H_0
c. $n_{\max} = n_{\min} = 20$	2.51	rif. H_0

Nel caso *c.* concludiamo quindi, al livello del 5%, che le varianze sono diverse, mentre nei casi *a.* e *b.* non possiamo concludere questo (nella tabella abbiamo approssimato $F_{0.975}(14, 4)$ con $F_{0.975}(15, 4)$ e $F_{0.975}(19, 19)$ con $F_{0.975}(19, 20)$).

A commento di queste conclusioni, si rileggano le osservazioni contenute nel testo dell'esercizio.

4.4 Test chi-quadro di adattamento e di indipendenza

Esercizio 4.22. Il primo passo sarà stimare il parametro λ della Poisson con la media campionaria. Le frequenze relative delle varie classi sono:

$f_0 = 0.26$	$f_1 = 0.3$	$f_2 = 0.275$	$f_3 = 0.09$	$f_4 = 0.04$	$f_{\geq 5} = 0.035$

Per calcolare la media campionaria dovremmo conoscere il valore medio assunto nella classe "5 o più figli". In mancanza di questa informazione, scegliamo un valore "ragionevole" e maggiore di 5, ad esempio 6. La media campionaria è dunque:

$$\overline{x}_n = 0.3 + 2 \cdot 0.275 + 3 \cdot 0.09 + 4 \cdot 0.04 + 6 \cdot 0.035 = 1.49.$$

Calcoliamo ora le frequenze (relative p_i e assolute np_i) attese delle varie classi, posto che $\lambda = 1.49$, ovvero $p_i = P(X = i) = e^{-1.49} 1.49^i / i!$, e $n = 200$:

$p_0 = 0.2254$	$p_1 = 0.3358$	$p_2 = 0.2502$
$np_0 = 45.08$	$np_1 = 67.16$	$np_2 = 50.04$
$p_3 = 0.1243$	$p_4 = 0.0463$	$p_{\geq 5} = 0.0180$
$np_3 = 24.86$	$np_4 = 9.26$	$np_{\geq 5} = 3.6$

(per il calcolo di $p_{\geq 5}$ si è calcolato $1 - p_0 - p_1 - p_2 - p_3 - p_4$). Per utilizzare il test chi-quadro bisogna accorpare le ultime due classi, per avere $np_i \geq 5$ per tutte le classi. Quindi creiamo la classe $X \geq 4$ che ha frequenza assoluta osservata $N_{\geq 4} = 15$ e attesa $np_{\geq 4} = 12.86$.

Il test chi-quadro di adattamento consiste nel calcolare

$$Q = \sum_{i=1}^{k} \frac{(np_i - N_i)^2}{np_i},$$

dove n è il numero di osservazioni e N_i sono le frequenze assolute, e rifiutare (al livello di significatività α) l'ipotesi di adattamento se $Q > \chi^2_{1-\alpha}(k-1-r)$, dove r è il numero dei parametri stimati. Qui $n = 200$, $k = 5$ e $r = 1$ (abbiamo stimato λ), per cui $Q = 4.5663$ da confrontare con i quantili di $\chi^2(3)$. Scegliendo come livello $\alpha = 0.05$, $\chi^2_{0.95}(3) = 7.81472$, per cui si accetta l'ipotesi di adattamento. In questo caso il *p-value* del problema (cioè il minimo livello a cui i dati consentono di rifiutare l'ipotesi nulla), calcolato con l'ausilio di un calcolatore, è $\alpha = P(\chi^2(3) > 4.5663) = 0.2065$.

Esercizio 4.23. Si tratta di un test di adattamento dove $n = 556$ e le frequenze relative attese sono $9/16$, $3/16$, $3/16$ e $1/16$ per lisci e gialli, lisci e verdi, rugosi e gialli e rugosi e verdi rispettivamente. Dunque le frequenze assolute attese sono nell'ordine: 312.75, 104.25, 104.25 e 34.75. Calcoliamo dunque $Q = \sum_{i=1}^{4} \frac{(np_i - N_i)^2}{np_i} = 0.47$, da confrontare con $\chi^2_{0.95}(3) = 9.48773$ (non abbiamo infatti stimato alcun parametro). Poiché Q è minore di tale quantile, accettiamo l'ipotesi di adattamento. Osserviamo anche che il *p-value*, calcolato come nell'esercizio precedente, è 0.9254, un valore estremamente alto, che sta ad indicare un adattamento molto buono.

Esercizio 4.24. Si tratta di un test di indipendenza, scriviamo perciò la tabella di contingenza:

	A	non A	Totale
B	10	20	30
non B	15	5	20
Totale	25	25	50

Abbiamo un totale di $rs = 2 \cdot 2$ classi, di cui in tabella sono riportate le frequenze assolute osservate. Indichiamo per semplicità le classi "non A" e "non B" con $\overline{\text{A}}$ e $\overline{\text{B}}$ rispettivamente, e calcoliamo le frequenze relative:

$p_{\text{A}\cdot}$	$p_{\overline{\text{A}}\cdot}$	$p_{\text{B}\cdot}$	$p_{\overline{\text{B}}\cdot}$
1/2	1/2	3/5	2/5

Indicando con $\widehat{p}_{\text{AB}}$ la frequenza relativa attesa della classe "A e B" (e analogamente le altre classi) calcoliamo le frequenze assolute attese:

$n\widehat{p}_{\text{AB}}$	$n\widehat{p}_{\overline{\text{A}}\text{B}}$	$n\widehat{p}_{\text{A}\overline{\text{B}}}$	$n\widehat{p}_{\overline{\text{A}}\overline{\text{B}}}$
15	15	10	10

Il test chi-quadro di indipendenza consiste nel calcolare

$$Q = \sum_{i,j} \frac{(n_{ij} - n\widehat{p}_{ij})^2}{n\widehat{p}_{ij}},$$

(dove si intende che l'indice i varia fra A e $\overline{\text{A}}$ e j fra B e $\overline{\text{B}}$), e rifiutare l'ipotesi di indipendenza al livello α se $Q > \chi^2_{1-\alpha}((r-1)(s-1))$. Dal calcolo esplicito si ottiene $Q = 8.33$ e $\chi^2_{0.95}(1) = 3.84146$, dunque rifiutiamo l'ipotesi di indipendenza al livello 0.05. Il *p-value* è 0.0039, il che indica una ragionevole certezza nel rifiutare l'ipotesi.

Esercizio 4.25. L'esercizio può essere affrontato in due modi: o verificando l'indipendenza delle variabili "settimana" e "preferenze", oppure verificando l'ipotesi che la percentuale a favore del candidato repubblicano (ad esempio) non sia mutata.

Cominciamo con il test di indipendenza. Abbiamo $rs = 3 \cdot 2$ classi, e le frequenze assolute osservate (non già presenti nella tabella) sono: 170 per il candidato repubblicano, 150 per il democratico e 80 indecisi, nonché 200 intervistati per ciascuno dei due sondaggi. Riportiamo in tabella le frequenze assolute attese (sotto l'ipotesi di indipendenza):

	2 settimane prima	4 settimane prima
Candidato Repubblicano	85	85
Candidato Democratico	75	75
Indecisi	40	40

Calcolando Q si ottiene $Q = 3.4571$, da confrontare con $\chi^2_{1-\alpha}(2)$ (poiché $(r-1)(s-1) = 2$). Scegliendo $\alpha = 0.05$ si ha $\chi^2_{0.95}(2) = 5.99148$, dunque accettiamo l'ipotesi di indipendenza ovvero che non vi è stato mutamento di opinione. Il *p-value* è 0.1775.

Facciamo ora il test di confronto di due frequenze: $H_0 : p_1 = p_2$ contro $H_1 : p_1 \neq p_2$, dove p_1 è la percentuale di elettori favorevoli al candidato repubblicano nel periodo del primo sondaggio e p_2 è quella relativa al secondo sondaggio.

Il test consiste nel calcolare

$$z = \frac{\overline{x}_n - \overline{y}_m}{\sqrt{\widehat{p}(1-\widehat{p})\left(\frac{1}{n} + \frac{1}{m}\right)}},$$

dove n e m sono le numerosità dei due campioni e

$$\widehat{p} = \frac{n\overline{x}_n + m\overline{y}_m}{n+m},$$

e rifiutare H_0 se $|z| > z_{1-\alpha/2}$. Qui $n = m = 200$ e $\overline{x}_n = 91/200$, $\overline{y}_m = 79/200$ (si noti che sono verificate le condizioni di applicabilità della procedura, ovvero $\sum_{i=1}^n x_i > 5$ e $\sum_{i=1}^m y_i > 5$). Calcolando si ottiene $|z| = 1.2137$ mentre $z_{0.975} = 1.96$ per cui H_0 viene accettata. Il calcolo del *p-value* (α tale che $z_{1-\alpha/2} = 1.2137$) dà $\alpha = 0.2249$.

Esercizio 4.26. Si tratta di un test di indipendenza tra l'essere o meno vaccinati e il numero di influenze subite. Le classi sono $rs = 2 \cdot 3$, $n = 1000$ e le frequenze assolute osservate non esplicitate nella tabella sono: 476 per "nessuna influenza", 281 per "una influenza" e 243 per "più di una influenza". Sotto l'ipotesi di indipendenza le frequenze assolute attese sono:

	nessuna influenza	una influenza	più di una influenza
vaccinate	238	140.5	121.5
non vaccinate	238	140.5	121.5

Calcoliamo: $Q = 7.5691$ e scegliendo $\alpha = 0.05$, $\chi^2_{1-\alpha}(2) = 5.99148$, dunque rifiutiamo l'ipotesi di indipendenza e riteniamo efficace il vaccino. Tuttavia il *p-value* è 0.0227, il che indica che se avessimo abbassato il livello (per esempio scegliendo $\alpha = 0.01$) avremmo accettato l'ipotesi di indipendenza non ritenendo dunque sufficienti a confutarla i dati osservati.

4.5 Esercizi di ricapitolazione sulla statistica inferenziale

Esercizio 4.27. Supponendo di poter applicare l'approssimazione normale per la media campionaria, un intervallo di confidenza (approssimato) di livello 0.90 per una frequenza p è

$$\left(\overline{X}_n - z_{0.95}\sqrt{\frac{\overline{X}_n(1-\overline{X}_n)}{n}}, \overline{X}_n + z_{0.95}\sqrt{\frac{\overline{X}_n(1-\overline{X}_n)}{n}}\right).$$

a. L'ampiezza è dunque $2 \cdot 1.6449 \cdot \sqrt{\overline{X}_n(1-\overline{X}_n)/n}$, che è minore di $1.6449/\sqrt{n}$ (poiché è sempre $\overline{X}_n(1-\overline{X}_n) \leq 1/4$). Dobbiamo quindi risolvere in n la disequazione
$$0.04 \geq \frac{1.6449}{\sqrt{n}}, \qquad \text{da cui} \qquad n \geq 1692.$$

b. Se $p \leq 0.1$ allora $p(1-p) \leq 0.09$ e possiamo utilizzare la stima $\overline{X}_n(1-\overline{X}_n) \leq 0.09$, per cui la disequazione precedente diviene
$$0.04 \geq 2\frac{1.6449 \cdot \sqrt{0.09}}{\sqrt{n}} \qquad \text{da cui} \qquad n \geq 609.$$

c. Con i dati proposti, $n = 700$ e $\overline{X}_n = 0.0457$ e l'intervallo è $(0.0327, 0.0587)$, la cui ampiezza è 0.026.

Esercizio 4.28.

a. Utilizziamo la formula dell'intervallo di confidenza approssimato di livello α per la media di grandi campioni (applichiamo l'approssimazione normale dato che $n > 30$, dunque non è necessario conoscere la legge del tempo di vita).
$$\begin{aligned}\widehat{\mu} &= \overline{x}_n \pm t_{(1+\alpha)/2}(n-1)\sqrt{\frac{s_n^2}{n}}\\ &= (8.43, 16.17).\end{aligned}$$

b. [B]. Se n aumenta l'ampiezza diminuisce perché il quantile della $t(n-1)$ diminuisce e così pure $1/\sqrt{n}$.

c. [A]. Se α aumenta l'ampiezza aumenta poiché il quantile aumenta.

d. [C]. Con un nuovo campionamento non è possibile prevedere quanto varrà s_n^2 e dunque la nuova ampiezza.

e. Stimiamo dapprima λ con lo stimatore non distorto del paragrafo 3.10.1: $\widehat{\lambda} = \frac{n-1}{n\overline{x}_n} = 0.0793$. Se X ha legge esponenziale di parametro 0.0793, utilizzando la proprietà di assenza di memoria (si veda §3.10.2)

$$P(X \geq 10 + 4 | X \geq 4) = P(X \geq 10) = e^{-10 \cdot 0.0793} = 0.4525.$$

Esercizio 4.29. Stimiamo il parametro dell'esponenziale prendendo di ogni classe il valore medio (esattamente come per il calcolo della media di dati raggruppati (si veda §1.4):

$$\widehat{\lambda} = \frac{n-1}{\sum_{i=1}^{n} x_i} = \frac{99}{1 \cdot 40 + 3 \cdot 34 + 5 \cdot 11 + 8 \cdot 15} = 0.3123.$$

Se $T \sim \text{Esp}(0.3123)$ le frequenze assolute attese delle varie classi sono ottenute moltiplicando per 100 la probabilità che T assuma valori all'interno della classe considerata:

Classe	$(0,2]$	$(2,4]$	$(4,6]$	$(6,10]$	$(10,+\infty)$
Frequenza	46.45	24.87	13.32	10.95	4.41

Osserviamo che abbiamo dovuto aggiungere una classe non presente nella tabella data inizialmente, poiché si ha una probabilità non nulla di avere T nell'intervallo $(10,+\infty)$. Ora affinché tutte le frequenze assolute attese siano ≥ 5, è necessario accorpare le ultime due classi in un'unica classe $(6,+\infty)$ di frequenza assoluta attesa 15.36 (e osservata 15).

Calcolando si ha $Q = 4.6599$, da confrontare con il quantile $\chi^2_{0.95}(2) = 5.99148$. Poiché $4.6599 < 5.99148$ accettiamo l'ipotesi di adattamento. Il *p-value* è 0.0973.

Esercizio 4.30.

a.–b. I dati sono tutti compresi fra 129 e 143, possiamo ad esempio scegliere le seguenti classi: $(128.5, 133.5]$, $(133.5, 138.5]$, $(138.5, 143.5]$ (così fra l'altro non avremo osservazioni coincidenti con gli estremi delle classi).

Classe	$(128.5, 133.5]$	$(133.5, 138.5]$	$(138.5, 143.5]$
Freq. assoluta	4	6	5
Freq. relativa	0.2667	0.4	0.3333
Freq. percentuale	26.67	40	33.33

c. $\overline{x}_{15} = 2048/15 = 136.53$.

d. $\sigma^2 = \frac{1}{15} \sum_{i=1}^{15} x_i - \overline{x}_{15}^2 = 19.5822$. Lo scarto quadratico medio è $\sigma = 4.43$.

e. L'istogramma è raffigurato nella seguente figura.

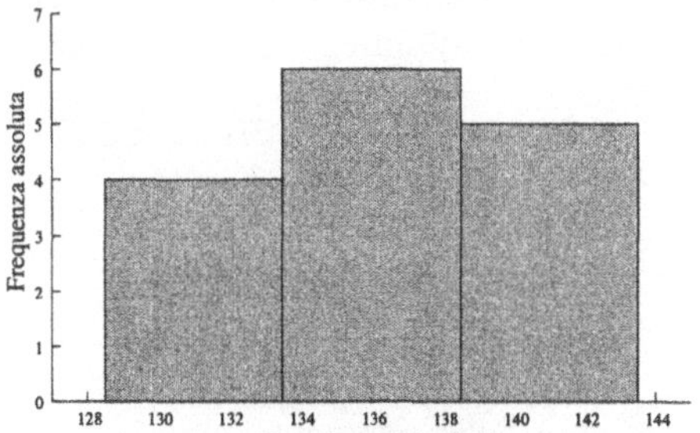

f. Supponendo che la lunghezza di ogni chiodo segua una legge N(136, 25), le frequenze assolute sono:

Classe	$(-\infty, 133.5]$	$(133.5, 138.5]$	$(138.5, +\infty]$
Frequenza attesa	46.28	57.44	46.28
Frequenza osservate	40	60	50

Il calcolo di Q dà $Q = 1.2652$, da confrontare con $\chi^2_{0.95}(2) = 5.99148$. Poiché Q è minore di tale quantile, accetto H_0. Il *p-value* è 0.5312.

g. Se non conoscessi la varianza dovrei stimarla con la varianza campionaria s^2_{150} e allora Q (che va ricalcolata!) andrebbe confrontata con $\chi^2_{0.95}(k-2)$ (dove k è il numero di classi in cui suddividiamo le osservazioni). Se anche la media fosse incognita andrebbe stimata con la media campionaria $\overline{x}_{150}$ e Q andrebbe confrontata con $\chi^2_{0.95}(k-3)$, il che ci imporrebbe di suddividere in almeno 4 classi.

Esercizio 4.31.

a. Dovremo fare un test t (la varianza è incognita) dove le ipotesi sono

$$H_0 : \mu = 0; \qquad H_1 : \mu \neq 0.$$

Stimiamo media e varianza: $\overline{x}_4 = -0.225$, $s^2_4 = 10.9492$. Posto

$$t = \frac{\overline{x}_4 - 0}{s_4/2},$$

rifiuteremo H_0 se $|t| > t_{0.975}(3) = 3.18$. Poiché $|t| = 0.136$ accettiamo H_0.

b. Il test sulla varianza consiste nel rifiutare H_0 se $3s^2_4/\sigma^2_0 > \chi^2_{0.95}(3)$. Poiché tale quantile è pari a 7.81472, la regione critica del test è

$$R = \{(x_1, \ldots, x_4) : s^2_4 > 7.81472\sigma^2_0/3\}.$$

c. Poiché $s^2_4 = 10.9492$ siamo nella regione di rifiuto se

$$\sigma^2_0 < 3 \cdot 10.9492/7.81472 = 4.2033.$$

Il massimo valore σ^2_0 cercato è perciò 4.2033.

Esercizio 4.32. Impostiamo un test t con $n = 61$, $\overline{x}_n = 726$, $s^2_n = 625$ e $\alpha = 0.05$. Scegliamo inoltre un punto di vista "innocentista":

$$H_0 : \mu \geq 730; \qquad H_1 : \mu < 730.$$

Posto

$$t = \frac{\overline{x}_n - 730}{s_n/\sqrt{n}},$$

rifiuteremo H_0 se $t < -t_{0.95}(60) = -1.67065$. Poiché $t = -1.25$ accettiamo H_0 (e cioè che in media le bottiglie contengono almeno 730 ml).

Esercizio 4.33. I dati del problema sono

$$n = 12, \qquad \overline{x}_n = 7.38, \qquad \sigma = \sqrt{\frac{1}{n}\sum_{i=1}^{n}(x_i - \overline{x}_n)^2} = 1.24$$

e si suppone che le osservazioni X_i abbiano legge $N(\mu, \sigma^2)$. Calcoliamo dapprima il valore dello stimatore non distorto della varianza

$$s_n^2 = \frac{1}{n-1}\sum_{i=1}^{n}(x_i - \overline{x}_n)^2 = \frac{n}{n-1}\sigma^2 = \frac{12}{11}1.24^2 = 1.6774.$$

a. $\widehat{\mu} = 7.38 \pm t_{0.95}(11)\sqrt{1.6774/12} = (6.70, 8.06)$.

b. Supponendo che s_n^2 abbia ancora il valore calcolato in precedenza, lo scarto fra $\overline{x}_n$ e il valore vero di μ (al livello di confidenza 0.90) è $1.295 \cdot t_{0.95}(n-1)/\sqrt{n}$, dunque deve essere

$$\frac{0.5}{1.295} = 0.386 \geq \frac{t_{0.95}(n-1)}{\sqrt{n}}.$$

Poiché $t_{0.95}(n-1)/\sqrt{n}$ decresce al crescere di n, per $n = 20$ vale 0.387 e per $n = 21$ vale 0.376, si deve scegliere $n \geq 21$.

c1. Sia $s_X^2 = 1.6774$ la varianza campionaria del primo campione; calcoliamo come prima la varianza campionaria del secondo campione: $s_Y^2 = 2.4107$. Poniamo $s^2_{\max} = \max(s_X^2, s_y^2) = s_Y^2$, $s^2_{\min} = \min(s_X^2, s_y^2) = s_X^2$, $n_m = 12$ e $n_M = 15$. La regola di decisione del test di Fisher è: si rifiuti l'ipotesi di uguaglianza delle varianze se $s^2_{\max}/s^2_{\min} > F_{0.975}(n_M - 1, n_m - 1)$. Osserviamo che $F_{0.975}(14, 11)$ non è presente sulle tavole, ma $F_{0.975}(14, 11) > F_{0.975}(15, 11) = 3.33$. Calcolando si ha $s^2_{\max}/s^2_{\min} = 1.437$, perciò accettiamo l'ipotesi.

c2. Eseguiamo ora un test sulle due medie: $H_0 : \mu_X = \mu_Y$. Rifiuteremo H_0 se

$$\left| \frac{\overline{x}_{12} - \overline{y}_{15}}{\sqrt{\frac{1}{12} + \frac{1}{15}}\sqrt{\frac{11s_X^2 + 14s_Y^2}{25}}} \right| > t_{0.975}(25) = 2.05954.$$

Poiché la prima quantità vale 1.9 accettiamo l'ipotesi che i due campioni provengano dallo stesso stock di produzione.

Esercizio 4.34.

a. Posto $X \sim N(14, 1)$, la probabilità richiesta è $P(X \leq 14) = P(X - 14 \leq 0) = 0.5$ (poiché $X - 14 \sim N(0, 1)$).

b. Ora sia $X \sim N(m, 1)$, si richiede che $P(X \leq 14) \leq 0.05$. Si tratta di risolvere

$$P(X - m \leq 14 - m) = \Phi(14 - m) \leq 0.05 \qquad \Longleftrightarrow \qquad 14 - m \leq -z_{0.95},$$

ovvero $m \geq 15.64$.

c. È un test z con $n = 16$, $\overline{x}_n = 15.04$, varianza pari a 1 e $H_0 : \mu \geq 15.64$ (ipotesi innocentista). Scegliamo $\alpha = 0.05$: rifiuteremo H_0 se $t = \sqrt{n}(\overline{x}_n - 15.64) < -z_{0.95} = -1.6449$. Poiché $t = -2.4$ rifiutiamo H_0.

Esercizio 4.35.

a. Calcoliamo:

$$\widehat{\sigma}^2 = s_n^2 = \frac{1}{8}\sum_{k=1}^{9}(x_i - \overline{x})^2 = 5.5$$

b. L'intervallo di confidenza calcolato dal campione, al livello $100\alpha\%$, per σ^2, è

$$\left(\frac{(n-1)\,s_n^2}{\chi^2_{\frac{1+\alpha}{2}}(n-1)}, \frac{(n-1)\,s_n^2}{\chi^2_{\frac{1-\alpha}{2}}(n-1)}\right).$$

Nel nostro caso $n = 9, \alpha = 0.9$, e l'intervallo è:

$$\left(\frac{8s_n^2}{\chi^2_{0.95}(8)}, \frac{8s_n^2}{\chi^2_{0.05}(8)}\right) = \left(\frac{8\cdot 5.5}{15.50731}, \frac{8\cdot 5.5}{2.73263}\right) = (2.837, 16.102).$$

Esercizio 4.36. Si tratta di eseguire un test sulle frequenze p_1, p_2 di 2 popolazioni bernoulliane (p_i rappresenta la frequenza relativa dei pezzi difettosi prodotti dalla macchina i).

Prendiamo come ipotesi nulla il fatto che le frequenze siano uguali: $H_0 : p_1 = p_2$.

I dati sono:

$$n = 180; \quad \overline{x}_n = \frac{6}{180}; \quad m = 214; \quad \overline{y}_m = \frac{12}{214}.$$

Poiché $\sum_{i=1}^{n} x_i = 6 > 5$; $\sum_{j=1}^{m} y_j = 12 > 5$, è applicabile l'approssimazione normale. Stimiamo anzitutto il parametro p dall'unione dei 2 campioni:

$$\widehat{p} = \frac{n\overline{x}_n + m\overline{y}_m}{n+m} = \frac{6+12}{180+214} = 0.0457.$$

Quindi calcoliamo il valore assunto dalla statistica Z definita da:

$$Z = \frac{\overline{X}_n - \overline{Y}_m}{\sqrt{\widehat{p}(1-\widehat{p})\,(1/n + 1/m)}},$$

cioè

$$z = \frac{\frac{6}{180} - \frac{12}{214}}{\sqrt{0.0457\,(1-0.0457)\left(\frac{1}{180}+\frac{1}{214}\right)}} = -1.0767.$$

La regola di decisione del test, al livello (standard) 0.05 è: "Si rifiuti l'ipotesi nulla se $|z| > z_{0.975}$". Poiché $|z| = 1.0767$ e $z_{0.975} = 1.96$, il test non consente di rifiutare l'ipotesi. Non si può dunque ritenere statisticamente significativo il diverso comportamento delle due macchine.

Esercizio 4.37. L'intervallo di confidenza calcolato dal campione, al livello $100\alpha\%$, per la varianza σ^2 di una popolazione normale, è

$$\left(\frac{(n-1)\,s_n^2}{\chi^2_{\frac{1+\alpha}{2}}(n-1)}, \frac{(n-1)\,s_n^2}{\chi^2_{\frac{1-\alpha}{2}}(n-1)}\right).$$

Si ha $n = 20, \alpha = 0.95$, $(n-1)\,s^2 = 250$ perciò l'intervallo è:

$$\left(\frac{250}{\chi^2_{0.975}(19)}, \frac{250}{\chi^2_{0.025}(19)}\right) = \left(\frac{250}{32.8523}, \frac{250}{8.9065}\right) = (7.6, 28.1)\,.$$

Esercizio 4.38.

a. Dai dati campionari si calcola:

$$\overline{x}_n = 1.835; m = 1.75; s_n^2 = 0.3413421.$$

Suddividendo i dati in classi di ampiezza 0.5 si può traccia il seguente istogramma:

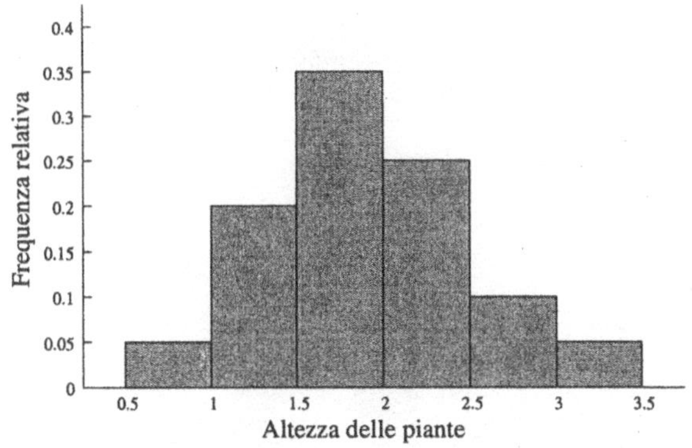

La distribuzione appare unimodale e abbastanza simmetrica, l'ipotesi di normalità dei dati è plausibile.

b. Eseguiamo un test sulla media di una popolazione normale di varianza incognita. L'ipotesi nulla è $H_0 : \mu = 1.9$. Calcoliamo il valore assunto dalla statistica:

$$T = \frac{\overline{X}_n - \mu_0}{S_n/\sqrt{n}} \qquad \Longrightarrow \qquad t = \frac{1.835 - 1.9}{\sqrt{0.3413421/20}} = -0.4975.$$

La regola di decisione, al livello 0.05, è: "Si rifiuti H_0 se $|t| > t_{0.975}\,(19)$". Poiché $t_{0.975}\,(19) = 2.09302$, il test non consente di rifiutare l'ipotesi. Non si può quindi concludere che l'altezza media sia diversa da 1.9.

Esercizio 4.39.

a. Si tratta di costruire l'intervallo di confidenza al 95% per la frequenza di una popolazione bernoulliana numerosa. Poiché $z_{0.975} = 1.96$, l'intervallo di confidenza approssimato (sotto l'approssimazione normale) è:

$$\begin{aligned}\widehat{p} &= \overline{X}_n \pm z_{(1+\alpha)/2}\sqrt{\frac{\overline{X}_n(1-\overline{X}_n)}{n}} \\ &= 0.8 \pm 1.96\sqrt{\frac{0.8 \cdot 0.2}{100}} = 0.8 \pm 0.0784 = (0.7216, 0.8784)\end{aligned}$$

L'approssimazione normale è giustificata perché $n\overline{x}_n = 80 > 5, n\,(1-\overline{x}_n) = 20 > 5$.

b. Il produttore afferma che la proporzione di pezzi "buoni" è ≥ 0.85. Eseguiamo un test sulla frequenza. L'ipotesi nulla è $H_0 : p \geq 0.85$. Calcoliamo il valore assunto dalla statistica:

$$Z = \frac{\overline{X}_n - p_0}{\sqrt{p_0(1-p_0)/n}} \quad \Longrightarrow \quad z = \frac{0.8 - 0.85}{\sqrt{0.85 \cdot 0.15/100}} = -1.4.$$

La regola di decisione è: "Si rifiuti H_0 se $z < -z_{0.95}$". Poiché $-z_{0.95} = -1.6449$, non si può rifiutare l'ipotesi. Dunque possiamo credere al produttore.

Esercizio 4.40.

1. Tipi di variabili aleatorie che assumono valori interi: bernoulliana, binomiale, geometrica, binomiale negativa, ipergeometrica, di Poisson.

2. Diagramma a barre della distribuzione:

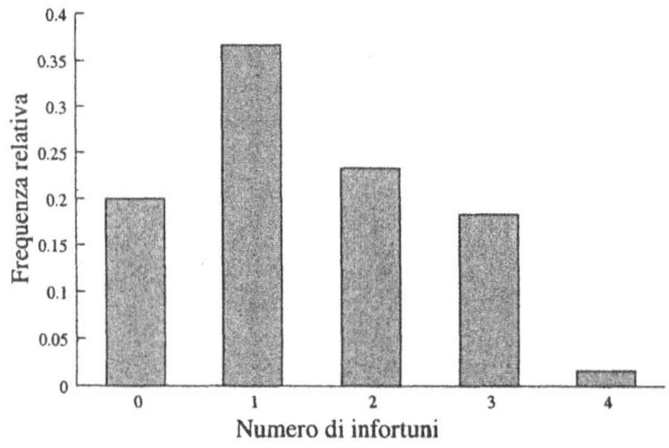

Calcoliamo dai dati: $\overline{x}_n = 1.45; m = 1; s_n^2 = 1.133$.

3. Se supponiamo che, in un giorno qualsiasi fissato, ogni lavoratore abbia un probabilità molto piccola di subire un infortunio, che il numero di lavoratori sia grande (il testo parla di "una grande fabbrica"), e che l'eventuale infortunarsi di lavoratori diversi siano eventi indipendenti, è ragionevole proporre una legge di Poisson per la v.a. $X =$"numero di infortuni in un giorno a caso". La legge di Poisson ha media e varianza uguali; la media e la varianza campionaria di questi dati sono effettivamente valori abbastanza vicini.

4. Se $X \sim P_0(\lambda)$, stimeremo

$$\widehat{\lambda} = \overline{x}_n = 1.45.$$

Eseguiamo ora un test chi-quadro di adattamento dei dati osservati alla legge $P_0(1.45)$.

Calcoliamo le frequenze relative attese con la formula:

$$P(X = k) = e^{-1.45} \frac{1.45^k}{k!}$$

Classe	F. rel. attesa p_i	F. ass. attesa $np_i = 60p_i$	F. ass. osservata N_i
$\{X = 0\}$	0.2346	14.076	12
$\{X = 1\}$	0.3401	20.406	22
$\{X = 2\}$	0.2466	14.796	14
$\{X = 3\}$	0.1192	7.152	11
$\{X = 4\}$	0.0432	2.592	1
$\{X \geq 5\}$	0.0163	0.978	0
Tot.	1	60	60

E' noto che, per poter applicare il test chi-quadro, è necessario che ogni valore np_i sia ≥ 5. Per ottenere questo, siamo costretti a raggruppare le ultime 3 classi nell'unica classe $\{X \geq 3\}$. La nuova tabella risulta dunque:

Classe	F. rel. attesa p_i	F. ass. attesa $np_i = 60p_i$	F. ass. osservata N_i
$\{X = 0\}$	0.2346	14.076	12
$\{X = 1\}$	0.3401	20.406	22
$\{X = 2\}$	0.2466	14.796	14
$\{X \geq 3\}$	0.1787	10.722	12
Tot.	1	60	60

Abbiamo quindi $k = 4$ classi; dall'ultima tabella, calcoliamo la statistica

$$Q = \sum_{i=1}^{4} \frac{(np_i - N_i)^2}{np_i} = 0.6258.$$

La regola di decisione del test di adattamento è: "Si rifiuti l'ipotesi di adattamento dei dati se $Q > \chi^2_{0.95}(2)$", dove $2 = k - 1 - r$, $k = 4$ è il numero di classi e $r = 1$ è il numero di parametri stimati dal campione. Poiché $\chi^2_{0.95}(2) = 5.9915$, il test non consente di rifiutare l'ipotesi di adattamento. In altre parole, è plausibile che la popolazione segua una legge di Poisson. Il *p-value* è 0.7313.

5. Discutiamo ora le implicazioni delle seguenti eventuali informazioni:

   a. "La fabbrica ha un piccolo numero di operai soggetti al rischio di infortuni" depone contro la validità del modello di Poisson (si veda la risposta al punto 3).

   b. "Alcuni operai sono molto più soggetti degli altri al rischio di infortunio" depone contro la validità del modello di Poisson (si veda la risposta al punto 3).

   c. "Il rischio di ciascun operaio è molto basso, e i rischi dei vari operai sono paragonabili" depone a favore del modello di Poisson, ed anzi, unitamente all'informazione "gli operai sono numerosi" lo giustifica.

Esercizio 4.41.

1. Il diagramma a barre è:

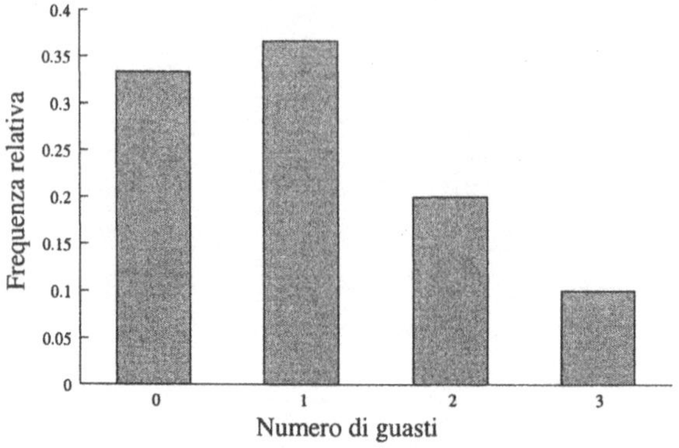

Calcoliamo dai dati: $\overline{x}_n = 1.0\overline{6}; m = 1; s_n^2 = 0.961$.

2. Se supponiamo che ogni PC abbia la stessa probabilità p degli altri di guastarsi in un dato giorno, e che il guastarsi di PC diversi siano eventi tra loro indipendenti, abbiamo un modello bernoulliano, e la v.a. $X =$"n^o di PC che subiscono un guasto in un dato giorno" seguirà una legge binomiale $B(5, p)$.

3. Se $X \sim B(5, p)$, $EX = 5p$, perciò stimeremo

$$\widehat{p} = \frac{\overline{x}_n}{5} = \frac{1.0\overline{6}}{5} = 0.2133.$$

Eseguiamo ora un test chi-quadro di adattamento dei dati osservati alla legge $B(5, 0.2133)$.

Calcoliamo le frequenze relative attese con la formula:

$$P(X = k) = \binom{5}{k} 0.2133^k \cdot 0.7867^{5-k}$$

Classe	F. rel. attesa p_i	F. ass. attesa $np_i = 30p_i$	F. ass. osservata N_i
$\{X = 0\}$	0.3013	9.039	10
$\{X = 1\}$	0.4085	12.255	11
$\{X = 2\}$	0.2215	4.4156	6
$\{X = 3\}$	0.0601	1.803	3
$\{X = 4\}$	0.0081	0.243	0
$\{X = 5\}$	0.0004	0.012	0
Tot.	1	30	30

Affinché risulti $np_i \geq 5$ per ogni i, siamo costretti a raggruppare le ultime 4 classi nell'unica classe $\{X \geq 2\}$. La nuova tabella risulta dunque:

Classe	F. rel. attesa p_i	F. ass. attesa $np_i = 30p_i$	F. ass. osservata N_i
$\{X = 0\}$	0.3013	9.039	10
$\{X = 1\}$	0.4085	12.255	11
$\{X \geq 2\}$	0.2902	8.706	9
Tot.	1	30	30

Abbiamo quindi $k = 3$ classi e $r = 1$ parametro stimato dai dati; dall'ultima tabella, calcoliamo la statistica

$$Q = \sum_{i=1}^{3} \frac{(np_i - N_i)^2}{np_i} = 0.24062.$$

La regola di decisione del test di adattamento è: "Si rifiuti l'ipotesi di adattamento dei dati se $Q > \chi^2_{0.95}(1)$", dove $1 = k - 1 - r$. Poiché $\chi^2_{0.95}(1) = 3.84146$, il test non consente di rifiutare l'ipotesi di adattamento. In altre parole, è plausibile che i dati provengano da una legge binomiale.

4. Discutiamo ora le implicazioni delle seguenti eventuali informazioni:

   a. "I PC sono connessi in rete tra loro, e gli impiegati eseguono frequentemente operazioni che fanno interagire i PC", depone contro il modello bernoulliano, perché cade l'indipendenza degli eventi (c'è una relazione tra il guastarsi di PC diversi).

   b. "I PC sono di ugual modello ed età" depone a favore del modello bernoulliano, perché suggerisce che il guastarsi dei vari PC siano eventi di ugual probabilità.

5. Sia:

   $X = n^o$ di PC che in un giorno si guastano;

   $X_V = n^o$ di PC vecchi che in un giorno si guastano;

   $X_N = n^o$ di PC nuovi che in un giorno si guastano.

   Si ha $X = X_V + X_N$. Si può supporre $X_V \sim B(3, p_V), X_N \sim B(2, p_N), X_V$ e X_N indipendenti. Poiché dobbiamo stimare 2 parametri, occorrono 2 statistiche.

   Sarà: $EX = 3p_V + 2p_N$; $\text{Var}X = 3p_V(1 - p_V) + 2p_N(1 - p_N)$.

   D'altro canto, dalla nuova tabella di dati, calcoliamo: $\overline{x}_n = 1.3\overline{6}; s_n^2 = 1.068$.

   Uguagliando media e varianza, rispettivamente, alla media e varianza campionaria, troviamo il sistema (non lineare!)

$$\begin{cases} 3p_V + 2p_N = 1.3\overline{6} \\ 3p_V(1 - p_V) + 2p_N(1 - p_N) = 1.068 \end{cases}$$

   che però non ha soluzioni reali, come si verifica provando a risolverlo.

   Si può allora ricorrere a un compromesso cercando un punto che risolva approssimativamente il sistema, ad esempio al modo seguente. Sia:

$$f(p_V, p_N) = (3p_V(1 - p_V) + 2p_N(1 - p_N) - 1.068)^2.$$

   Ricaviamo dalla prima equazione $p_V = \left(1.3\overline{6} - 2p_N\right)/3$, e cerchiamo il valore di $p_N \in (0,1)$ per cui la funzione di una variabile $f\left(\left(1.3\overline{6} - 2p_N\right)/3, p_N\right)$ assume il valore minimo. Si trova:

$$p_N \simeq 0.2734; p_V \simeq 0.2733.$$

La differenza tra i 2 valori non è significativa, quindi non è giustificata l'assunzione del modello più complicato con 2 parametri. Tralasciamo perciò il test di adattamento richiesto al punto 5. (che risulterebbe quantitativamente molto simile a quello del punto 3.).

Esercizio 4.42.

a. Costruiamo la tabella:

ora del guasto	7	8	23	24	25	27	44	49
tempo tra 2 guasti		1	15	1	1	2	17	5
ora del guasto	52	58	82	92	123	125	134	
tempo tra 2 guasti	3	6	24	10	31	2	9	

b. Per la variabile "tempo tra due guasti" costruiamo ora la tabella di frequenze e un istogramma:

Classe	Freq. ass.	Freq. rel
$x \leq 7$	8	0.572
$7 < x \leq 14$	2	0.143
$14 < x \leq 21$	2	0.143
$21 < x \leq 28$	1	0.071
$28 < x \leq 35$	1	0.071
Tot.	14	1

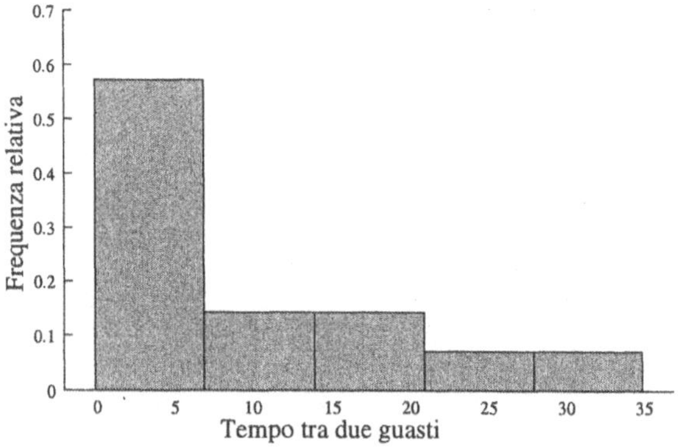

Media, varianza e deviazione standard campionaria sono date da:

$\overline{x}_n = 9.071; s_n^2 = 89.3; s_n = 9.44.$

Il fatto che media e deviazione standard campionarie siano abbastanza simili è in accordo con l'ipotesi che i dati seguano una legge esponenziale.

c. I dati sono troppo pochi per eseguire un test di adattamento alla legge esponenziale. Infatti, poiché un parametro viene stimato dai dati, se le classi sono k, i gradi di libertà sono $k-2$; quindi ci devono essere almeno 3 classi; d'altro canto ogni frequenza assoluta attesa dev'essere almeno 5, quindi i dati in totale devono essere almeno 15, mentre noi ne abbiamo solo 14 a disposizione.

Esercizio 4.43. Calcoliamo media e varianza campionaria: $\overline{x}_n = 2.7; s_n^2 = 2.2$. Per una v.a. $X \sim \Gamma(n, \nu)$ si ha $EX = \frac{n}{\nu}$;Var$X = \frac{n}{\nu^2}$, quindi per stimare n, ν impostiamo il sistema:

$$\begin{cases} \frac{n}{\nu} = 2.7 \\ \frac{n}{\nu^2} = 2.2 \end{cases}$$

che dà $\nu = 1.227, n = 3.31$. Però n dev'essere un intero, perciò scegliamo $n = 3$, e conseguentemente modifichiamo la stima di ν ponendo $\nu = 3/2.7 = 1.\overline{1}$ (ora la prima equazione è ancora soddisfatta, mentre la seconda lo è solo approssimativamente).

Esercizio 4.44. Si tratta di un test di ipotesi sulla varianza di una popolazione di legge ignota (e media incognita), ma campione numeroso ($n = 150 > 30$). L'ipotesi nulla nei 2 casi è:

a. la macchina va ritenuta sotto controllo fino a prova contraria: $H_0 : \sigma^2 \leq 0.2$.

b. la macchina va ritenuta fuori controllo fino a prova contraria: $H_0 : \sigma^2 \geq 0.2$.

Consideriamo la statistica:

$$\chi^2 = \frac{(n-1)\, s_n^2}{\sigma_0^2} = \frac{149 \cdot 0.2209}{0.2} = 164.57.$$

Al livello 0.05, la regola di decisione è:

Caso *a.*: "Si rifiuti H_0 se $\chi^2 > \chi^2_{0.95}(149)$"

Caso *b.*: "Si rifiuti H_0 se $\chi^2 < \chi^2_{0.05}(149)$".

Per $n > 30$, si usa l'approssimazione normale dei quantili della legge chi-quadro: $\chi^2_\alpha(n) \simeq z_\alpha \sqrt{2n} + n$. Quindi:

Caso *a.*: $\chi^2_{0.95}(149) \simeq 1.6449\sqrt{298} + 149 = 177.39$. Poiché $\chi^2 = 164.57$, non si può rifiutare l'ipotesi. Quindi la macchina dev'essere ritenuta sotto controllo.

Caso *b.*: $\chi^2_{0.05}(149) \simeq -1.6449\sqrt{298} + 149 = 120.6$. Poiché $\chi^2 = 164.57$, non si può rifiutare l'ipotesi. Quindi la macchina dev'essere ritenuta fuori controllo.

L'esempio è interessante perché mostra come, in un test di ipotesi, nel caso in cui i dati campionari siano vicini alla "soglia critica" (come in questo caso: la varianza campionaria, 0.2209, è vicina alla soglia critica 0.2), la risposta del test dipenda in modo cruciale dalla scelta dell'ipotesi nulla (ossia dal nostro pregiudizio).

Esercizio 4.45.

a. Costruiamo una tabella di contingenza dei dati campionari:

(1)

	Maschio	Femmina	Tot.
Daltonici	38	6	44
Normali	442	514	956
Tot.	480	520	1000

e, a partire da questa, la tabella delle frequenze assolute attese nell'ipotesi di indipendenza:

	Maschio	Femmina
Daltonici	21.12	22.88
Normali	458.88	497.12

Notiamo che le frequenze attese sono tutte ≥ 5, il che è necessario per l'applicabilità del metodo. Dal confronto delle due tabelle calcoliamo ora il chi-quadro:

$$Q = \sum_{i=1}^{r} \sum_{j=1}^{s} \frac{\left(n_{ij} - \frac{n_{i\cdot} n_{\cdot j}}{n}\right)^2}{\frac{n_{i\cdot} n_{\cdot j}}{n}} = 27.62.$$

I gradi di libertà sono $(r-1)(s-1) = (2-1)(2-1) = 1$. La regola di decisione è: "Si rifiuti l'ipotesi di indipendenza dei due caratteri se $Q > \chi^2_{0.95}(1)$". Poiché $\chi^2_{0.95}(1) = 3.84146$, possiamo rifiutare l'ipotesi di indipendenza, al livello 0.05. Anzi, in questo caso il *p-value* è circa 0, ossia: nell'ipotesi di indipendenza, la probabilità che la statistica Q assuma un valore ≥ 27.62 è circa 0. Dunque i due caratteri sono evidentemente dipendenti.

b. Vogliamo ora verificare se i dati si adattano al modello teorico:

	Maschio	Femmina
Daltonici	$q - 3q^2$	$3q^2$
Normali	$0.5 - q + 3q^2$	$0.5 - 3q^2$

dove q è la proporzione di individui daltonici sulla popolazione. Per stimare q dai dati, usiamo la frequenza relativa campionaria dei daltonici:

$$\widehat{q} = \frac{44}{1000} = 0.044$$

Con questo valore di q, le frequenze relative teoriche sarebbero:

	Maschio	Femmina
Daltonici	0.038	0.006
Normali	0.462	0.494

mentre le frequenze assolute teoriche sono:

(2)

	Maschio	Femmina
Daltonici	38	6
Normali	462	494

Eseguiamo ora un test di adattamento dei dati osservati (tabella 1) con quelli teorici (tabella 2). Notiamo che tutte le frequenze assolute teoriche sono ≥ 5, il che rende applicabile il test. Il chi quadro calcolato è:

$$Q = \sum_{i=1}^{4} \frac{(np_i - N_i)^2}{np_i} = 1.676.$$

La regola di decisione è: "Si rifiuti l'ipotesi di adattamento, al livello 0.05, se $Q > \chi^2_{0.95}(2)$", dove $2 = k - 1 - r$, $r = 1$ è il numero di parametri stimati dai dati, $k = 4$ il numero di classi. Poiché $\chi^2_{0.95}(2) = 5.99$, i dati non consentono di rifiutare l'ipotesi, ossia: i dati osservati si adattano alla distribuzione teorica. Il *p-value* è 0.4326.

Appendice A

Tavole numeriche

Tabella dei valori della funzione di ripartizione della legge normale standard

La seguente tabella riporta i valori della funzione

$$\Phi(x) = \int_{-\infty}^{x} \frac{1}{\sqrt{2\pi}} e^{-t^2/2}\, dt = P\,(Z \le x) \qquad \text{con } Z \sim N(0,1).$$

z	0.00	0.01	0.02	0.03	0.04	0.05	0.06	0.07	0.08	0.09
0.0	0.50000	0.50399	0.50798	0.51197	0.51595	0.51994	0.52392	0.52790	0.53188	0.53586
0.1	0.53983	0.54380	0.54776	0.55172	0.55567	0.55962	0.56356	0.56749	0.57142	0.57535
0.2	0.57926	0.58317	0.58706	0.59095	0.59483	0.59871	0.60257	0.60642	0.61026	0.61409
0.3	0.61791	0.62172	0.62552	0.62930	0.63307	0.63683	0.64058	0.64431	0.64803	0.65173
0.4	0.65542	0.65910	0.66276	0.66640	0.67003	0.67364	0.67724	0.68082	0.68439	0.68793
0.5	0.69146	0.69497	0.69847	0.70194	0.70540	0.70884	0.71226	0.71566	0.71904	0.72240
0.6	0.72575	0.72907	0.73237	0.73565	0.73891	0.74215	0.74537	0.74857	0.75175	0.75490
0.7	0.75804	0.76115	0.76424	0.76730	0.77035	0.77337	0.77637	0.77935	0.78230	0.78524
0.8	0.78814	0.79103	0.79389	0.79673	0.79955	0.80234	0.80511	0.80785	0.81057	0.81327
0.9	0.81594	0.81859	0.82121	0.82381	0.82639	0.82894	0.83147	0.83398	0.83646	0.83891
1.0	0.84134	0.84375	0.84614	0.84849	0.85083	0.85314	0.85543	0.85769	0.85993	0.86214
1.1	0.86433	0.86650	0.86864	0.87076	0.87286	0.87493	0.87698	0.87900	0.88100	0.88298
1.2	0.88493	0.88686	0.88877	0.89065	0.89251	0.89435	0.89617	0.89796	0.89973	0.90147
1.3	0.90320	0.90490	0.90658	0.90824	0.90988	0.91149	0.91309	0.91466	0.91621	0.91774
1.4	0.91924	0.92073	0.92220	0.92364	0.92507	0.92647	0.92785	0.92922	0.93056	0.93189
1.5	0.93319	0.93448	0.93574	0.93699	0.93822	0.93943	0.94062	0.94179	0.94295	0.94408
1.6	0.94520	0.94630	0.94738	0.94845	0.94950	0.95053	0.95154	0.95254	0.95352	0.95449
1.7	0.95543	0.95637	0.95728	0.95818	0.95907	0.95994	0.96080	0.96164	0.96246	0.96327
1.8	0.96407	0.96485	0.96562	0.96638	0.96712	0.96784	0.96856	0.96926	0.96995	0.97062
1.9	0.97128	0.97193	0.97257	0.97320	0.97381	0.97441	0.97500	0.97558	0.97615	0.97670
2.0	0.97725	0.97778	0.97831	0.97882	0.97932	0.97982	0.98030	0.98077	0.98124	0.98169
2.1	0.98214	0.98257	0.98300	0.98341	0.98382	0.98422	0.98461	0.98500	0.98537	0.98574
2.2	0.98610	0.98645	0.98679	0.98713	0.98745	0.98778	0.98809	0.98840	0.98870	0.98899
2.3	0.98928	0.98956	0.98983	0.99010	0.99036	0.99061	0.99086	0.99111	0.99134	0.99158
2.4	0.99180	0.99202	0.99224	0.99245	0.99266	0.99286	0.99305	0.99324	0.99343	0.99361
2.5	0.99379	0.99396	0.99413	0.99430	0.99446	0.99461	0.99477	0.99492	0.99506	0.99520
2.6	0.99534	0.99547	0.99560	0.99573	0.99585	0.99598	0.99609	0.99621	0.99632	0.99643
2.7	0.99653	0.99664	0.99674	0.99683	0.99693	0.99702	0.99711	0.99720	0.99728	0.99736
2.8	0.99744	0.99752	0.99760	0.99767	0.99774	0.99781	0.99788	0.99795	0.99801	0.99807
2.9	0.99813	0.99819	0.99825	0.99831	0.99836	0.99841	0.99846	0.99851	0.99856	0.99861

Tabella dei quantili della legge normale standard

α	0.90	0.95	0.975	0.99	0.995	0.999	0.9995
z_α	1.2816	1.6449	1.9600	2.3263	2.5758	3.0902	3.2905

$P\,(Z \le z_\alpha) = \alpha$	$P\,(Z > z_{1-\alpha}) = \alpha$
$P\left(\lvert Z\rvert > z_{1-\alpha/2}\right) = \alpha$	$P\left(\lvert Z\rvert \le z_{(1+\alpha)/2}\right) = \alpha$

Relazioni utili che coinvolgono i quantili della legge $N(0,1)$

Tabella dei quantili $t_\alpha(n)$ della legge t di student

$$\alpha = P\left(T \leq t_\alpha(n)\right) \quad \text{con } T \sim t(n)$$

	0.9	0.95	0.975	0.99	0.995
1	3.07768	6.31375	12.70620	31.82052	63.65674
2	1.88562	2.91999	4.30265	6.96456	9.92484
3	1.63774	2.35336	3.18245	4.54070	5.84091
4	1.53321	2.13185	2.77645	3.74695	4.60409
5	1.47588	2.01505	2.57058	3.36493	4.03214
6	1.43976	1.94318	2.44691	3.14267	3.70743
7	1.41492	1.89458	2.36462	2.99795	3.49948
8	1.39682	1.85955	2.30600	2.89646	3.35539
9	1.38303	1.83311	2.26216	2.82144	3.24984
10	1.37218	1.81246	2.22814	2.76377	3.16927
11	1.36343	1.79588	2.20099	2.71808	3.10581
12	1.35622	1.78229	2.17881	2.68100	3.05454
13	1.35017	1.77093	2.16037	2.65031	3.01228
14	1.34503	1.76131	2.14479	2.62449	2.97684
15	1.34061	1.75305	2.13145	2.60248	2.94671
16	1.33676	1.74588	2.11991	2.58349	2.92078
17	1.33338	1.73961	2.10982	2.56693	2.89823
18	1.33039	1.73406	2.10092	2.55238	2.87844
19	1.32773	1.72913	2.09302	2.53948	2.86093
20	1.32534	1.72472	2.08596	2.52798	2.84534
21	1.32319	1.72074	2.07961	2.51765	2.83136
22	1.32124	1.71714	2.07387	2.50832	2.81876
23	1.31946	1.71387	2.06866	2.49987	2.80734
24	1.31784	1.71088	2.06390	2.49216	2.79694
25	1.31635	1.70814	2.05954	2.48511	2.78744
26	1.31497	1.70562	2.05553	2.47863	2.77871
27	1.31370	1.70329	2.05183	2.47266	2.77068
28	1.31253	1.70113	2.04841	2.46714	2.76326
29	1.31143	1.69913	2.04523	2.46202	2.75639
30	1.31042	1.69726	2.04227	2.45726	2.75000
40	1.30308	1.68385	2.02108	2.42326	2.70446
50	1.29871	1.67591	2.00856	2.40327	2.67779
60	1.29582	1.67065	2.00030	2.39012	2.66028
70	1.29376	1.66691	1.99444	2.38081	2.64790
80	1.29222	1.66412	1.99006	2.37387	2.63869
90	1.29103	1.66196	1.98667	2.36850	2.63157
100	1.29007	1.66023	1.98397	2.36422	2.62589
110	1.28930	1.65882	1.98177	2.36073	2.62126
120	1.28865	1.65765	1.97993	2.35782	2.61742

Per $n > 120$ *si approssima* $t_\alpha(n)$ *con* z_α *(quantile della normale standard)*

$P\left(T \leq t_\alpha(n)\right) = \alpha$	$P\left(T > t_{1-\alpha}(n)\right) = \alpha$
$P\left(\lvert T\rvert > t_{1-\alpha/2}(n)\right) = \alpha$	$P\left(\lvert T\rvert \leq t_{(1+\alpha)/2}(n)\right) = \alpha$

Relazioni utili che coinvolgono i quantili della legge $t(n)$

Tabella dei quantili $\chi^2_\alpha(n)$ della legge chi-quadro

$$\alpha = P\left(Y \leq \chi^2_\alpha(n)\right) \qquad \text{con } Y \sim \chi^2(n)$$

	0.01	**0.025**	**0.05**	**0.95**	**0.975**	**0.99**
1	0.00016	0.00098	0.00393	3.84146	5.02389	6.63490
2	0.02010	0.05064	0.10259	5.99146	7.37776	9.21034
3	0.11483	0.21580	0.35185	7.81473	9.34840	11.34487
4	0.29711	0.48442	0.71072	9.48773	11.14329	13.27670
5	0.55430	0.83121	1.14548	11.07050	12.83250	15.08627
6	0.87209	1.23734	1.63538	12.59159	14.44938	16.81189
7	1.23904	1.68987	2.16735	14.06714	16.01276	18.47531
8	1.64650	2.17973	2.73264	15.50731	17.53455	20.09024
9	2.08790	2.70039	3.32511	16.91898	19.02277	21.66599
10	2.55821	3.24697	3.94030	18.30704	20.48318	23.20925
11	3.05348	3.81575	4.57481	19.67514	21.92005	24.72497
12	3.57057	4.40379	5.22603	21.02607	23.33666	26.21697
13	4.10692	5.00875	5.89186	22.36203	24.73560	27.68825
14	4.66043	5.62873	6.57063	23.68479	26.11895	29.14124
15	5.22935	6.26214	7.26094	24.99579	27.48839	30.57791
16	5.81221	6.90766	7.96165	26.29623	28.84535	31.99993
17	6.40776	7.56419	8.67176	27.58711	30.19101	33.40866
18	7.01491	8.23075	9.39046	28.86930	31.52638	34.80531
19	7.63273	8.90652	10.11701	30.14353	32.85233	36.19087
20	8.26040	9.59078	10.85081	31.41043	34.16961	37.56623
21	8.89720	10.28290	11.59131	32.67057	35.47888	38.93217
22	9.54249	10.98232	12.33801	33.92444	36.78071	40.28936
23	10.19572	11.68855	13.09051	35.17246	38.07563	41.63840
24	10.85636	12.40115	13.84843	36.41503	39.36408	42.97982
25	11.52398	13.11972	14.61141	37.65248	40.64647	44.31410
26	12.19815	13.84390	15.37916	38.88514	41.92317	45.64168
27	12.87850	14.57338	16.15140	40.11327	43.19451	46.96294
28	13.56471	15.30786	16.92788	41.33714	44.46079	48.27824
29	14.25645	16.04707	17.70837	42.55697	45.72229	49.58788
30	14.95346	16.79077	18.49266	43.77297	46.97924	50.89218

Per $n > 30$ si usa l'approssimazione normale: $\chi^2_\alpha(n) \simeq z_\alpha\sqrt{2n} + n$

$$P\left(Y \leq \chi^2_\alpha(n)\right) = \alpha \qquad P\left(Y > \chi^2_{1-\alpha}(n)\right) = \alpha$$

$$P\left(\chi^2_{(1-\alpha)/2} < Y < \chi^2_{(1+\alpha)/2}(n)\right) = \alpha$$

Relazioni utili che coinvolgono i quantili della legge $\chi^2(n)$

Tabella dei quantili $F_{0.95}(k, m)$ della legge di Fisher

$$0.95 = P\left(F \leq F_{0.95}(k,m)\right) \qquad \text{con } F \sim F(k,m)$$

Ricordiamo che si ha anche $F_{0.05}(m,k) = \dfrac{1}{F_{0.95}(k,m)}$

$m \backslash k$	1	2	3	4	5	6	7	8	12	15	20	30	60
2	18.51	19.00	19.16	19.25	19.30	19.33	19.35	19.37	19.41	19.43	19.45	19.46	19.48
3	10.13	9.55	9.28	9.12	9.01	8.94	8.89	8.85	8.74	8.70	8.66	8.62	8.57
4	7.71	6.94	6.59	6.39	6.26	6.16	6.09	6.04	5.91	5.86	5.80	5.75	5.69
5	6.61	5.79	5.41	5.19	5.05	4.95	4.88	4.82	4.68	4.62	4.56	4.50	4.43
6	5.99	5.14	4.76	4.53	4.39	4.28	4.21	4.15	4.00	3.94	3.87	3.81	3.74
7	5.59	4.74	4.35	4.12	3.97	3.87	3.79	3.73	3.57	3.51	3.44	3.38	3.30
8	5.32	4.46	4.07	3.84	3.69	3.58	3.50	3.44	3.28	3.22	3.15	3.08	3.01
9	5.12	4.26	3.86	3.63	3.48	3.37	3.29	3.23	3.07	3.01	2.94	2.86	2.79
10	4.96	4.10	3.71	3.48	3.33	3.22	3.14	3.07	2.91	2.85	2.77	2.70	2.62
11	4.84	3.98	3.59	3.36	3.20	3.09	3.01	2.95	2.79	2.72	2.65	2.57	2.49
12	4.75	3.89	3.49	3.26	3.11	3.00	2.91	2.85	2.69	2.62	2.54	2.47	2.38
13	4.67	3.81	3.41	3.18	3.03	2.92	2.83	2.77	2.60	2.53	2.46	2.38	2.30
14	4.60	3.74	3.34	3.11	2.96	2.85	2.76	2.70	2.53	2.46	2.39	2.31	2.22
15	4.54	3.68	3.29	3.06	2.90	2.79	2.71	2.64	2.48	2.40	2.33	2.25	2.16
16	4.49	3.63	3.24	3.01	2.85	2.74	2.66	2.59	2.42	2.35	2.28	2.19	2.11
17	4.45	3.59	3.20	2.96	2.81	2.70	2.61	2.55	2.38	2.31	2.23	2.15	2.06
18	4.41	3.55	3.16	2.93	2.77	2.66	2.58	2.51	2.34	2.27	2.19	2.11	2.02
19	4.38	3.52	3.13	2.90	2.74	2.63	2.54	2.48	2.31	2.23	2.16	2.07	1.98
20	4.35	3.49	3.10	2.87	2.71	2.60	2.51	2.45	2.28	2.20	2.12	2.04	1.95
21	4.32	3.47	3.07	2.84	2.68	2.57	2.49	2.42	2.25	2.18	2.10	2.01	1.92
22	4.30	3.44	3.05	2.82	2.66	2.55	2.46	2.40	2.23	2.15	2.07	1.98	1.89
23	4.28	3.42	3.03	2.80	2.64	2.53	2.44	2.37	2.20	2.13	2.05	1.96	1.86
24	4.26	3.40	3.01	2.78	2.62	2.51	2.42	2.36	2.18	2.11	2.03	1.94	1.84
25	4.24	3.39	2.99	2.76	2.60	2.49	2.40	2.34	2.16	2.09	2.01	1.92	1.82
26	4.23	3.37	2.98	2.74	2.59	2.47	2.39	2.32	2.15	2.07	1.99	1.90	1.80
27	4.21	3.35	2.96	2.73	2.57	2.46	2.37	2.31	2.13	2.06	1.97	1.88	1.79
28	4.20	3.34	2.95	2.71	2.56	2.45	2.36	2.29	2.12	2.04	1.96	1.87	1.77
29	4.18	3.33	2.93	2.70	2.55	2.43	2.35	2.28	2.10	2.03	1.94	1.85	1.75
30	4.17	3.32	2.92	2.69	2.53	2.42	2.33	2.27	2.09	2.01	1.93	1.84	1.74
40	4.08	3.23	2.84	2.61	2.45	2.34	2.25	2.18	2.00	1.92	1.84	1.74	1.64
60	4.00	3.15	2.76	2.53	2.37	2.25	2.17	2.10	1.92	1.84	1.75	1.65	1.53
120	3.92	3.07	2.68	2.45	2.29	2.18	2.09	2.02	1.83	1.75	1.66	1.55	1.43

Tabella dei quantili $F_{0.975}(k, m)$ della legge di Fisher

$$0.975 = P(F \leq F_{0.975}(k, m)) \qquad \text{con } F \sim F(k, m)$$

Ricordiamo che si ha anche $F_{0.025}(m, k) = \dfrac{1}{F_{0.975}(k, m)}$

$m \backslash k$	1	2	3	4	5	6	7	8	12	15	20	30	60
2	38.51	39.00	39.17	39.25	39.30	39.33	39.36	39.37	39.41	39.43	39.45	39.46	39.48
3	17.44	16.04	15.44	15.10	14.88	14.73	14.62	14.54	14.34	14.25	14.17	14.08	13.99
4	12.22	10.65	9.98	9.60	9.36	9.20	9.07	8.98	8.75	8.66	8.56	8.46	8.36
5	10.01	8.43	7.76	7.39	7.15	6.98	6.85	6.76	6.52	6.43	6.33	6.23	6.12
6	8.81	7.26	6.60	6.23	5.99	5.82	5.70	5.60	5.37	5.27	5.17	5.07	4.96
7	8.07	6.54	5.89	5.52	5.29	5.12	4.99	4.90	4.67	4.57	4.47	4.36	4.25
8	7.57	6.06	5.42	5.05	4.82	4.65	4.53	4.43	4.20	4.10	4.00	3.89	3.78
9	7.21	5.71	5.08	4.72	4.48	4.32	4.20	4.10	3.87	3.77	3.67	3.56	3.45
10	6.94	5.46	4.83	4.47	4.24	4.07	3.95	3.85	3.62	3.52	3.42	3.31	3.20
11	6.72	5.26	4.63	4.28	4.04	3.88	3.76	3.66	3.43	3.33	3.23	3.12	3.00
12	6.55	5.10	4.47	4.12	3.89	3.73	3.61	3.51	3.28	3.18	3.07	2.96	2.85
13	6.41	4.97	4.35	4.00	3.77	3.60	3.48	3.39	3.15	3.05	2.95	2.84	2.72
14	6.30	4.86	4.24	3.89	3.66	3.50	3.38	3.29	3.05	2.95	2.84	2.73	2.61
15	6.20	4.77	4.15	3.80	3.58	3.41	3.29	3.20	2.96	2.86	2.76	2.64	2.52
16	6.12	4.69	4.08	3.73	3.50	3.34	3.22	3.12	2.89	2.79	2.68	2.57	2.45
17	6.04	4.62	4.01	3.66	3.44	3.28	3.16	3.06	2.82	2.72	2.62	2.50	2.38
18	5.98	4.56	3.95	3.61	3.38	3.22	3.10	3.01	2.77	2.67	2.56	2.44	2.32
19	5.92	4.51	3.90	3.56	3.33	3.17	3.05	2.96	2.72	2.62	2.51	2.39	2.27
20	5.87	4.46	3.86	3.51	3.29	3.13	3.01	2.91	2.68	2.57	2.46	2.35	2.22
21	5.83	4.42	3.82	3.48	3.25	3.09	2.97	2.87	2.64	2.53	2.42	2.31	2.18
22	5.79	4.38	3.78	3.44	3.22	3.05	2.93	2.84	2.60	2.50	2.39	2.27	2.14
23	5.75	4.35	3.75	3.41	3.18	3.02	2.90	2.81	2.57	2.47	2.36	2.24	2.11
24	5.72	4.32	3.72	3.38	3.15	2.99	2.87	2.78	2.54	2.44	2.33	2.21	2.08
25	5.69	4.29	3.69	3.35	3.13	2.97	2.85	2.75	2.51	2.41	2.30	2.18	2.05
26	5.66	4.27	3.67	3.33	3.10	2.94	2.82	2.73	2.49	2.39	2.28	2.16	2.03
27	5.63	4.24	3.65	3.31	3.08	2.92	2.80	2.71	2.47	2.36	2.25	2.13	2.00
28	5.61	4.22	3.63	3.29	3.06	2.90	2.78	2.69	2.45	2.34	2.23	2.11	1.98
29	5.59	4.20	3.61	3.27	3.04	2.88	2.76	2.67	2.43	2.32	2.21	2.09	1.96
30	5.57	4.18	3.59	3.25	3.03	2.87	2.75	2.65	2.41	2.31	2.20	2.07	1.94
40	5.42	4.05	3.46	3.13	2.90	2.74	2.62	2.53	2.29	2.18	2.07	1.94	1.80
60	5.29	3.93	3.34	3.01	2.79	2.63	2.51	2.41	2.17	2.06	1.94	1.82	1.67
120	5.15	3.80	3.23	2.89	2.67	2.52	2.39	2.30	2.05	1.94	1.82	1.69	1.53

Made in United States
Cleveland, OH
05 November 2026

47667161R00082